本試験型 算数検定 7級 試験問題集

成美堂出版

本書の使い方

本書は，算数検定７級でよく問われる問題を中心にまとめた本試験型問題集です。本番の検定を想定し，計５回分の問題を収録していますので，たっぷり解くことができます。解答や重要なポイントは赤字で示していますので，付属の赤シートを上手に活用しましょう。

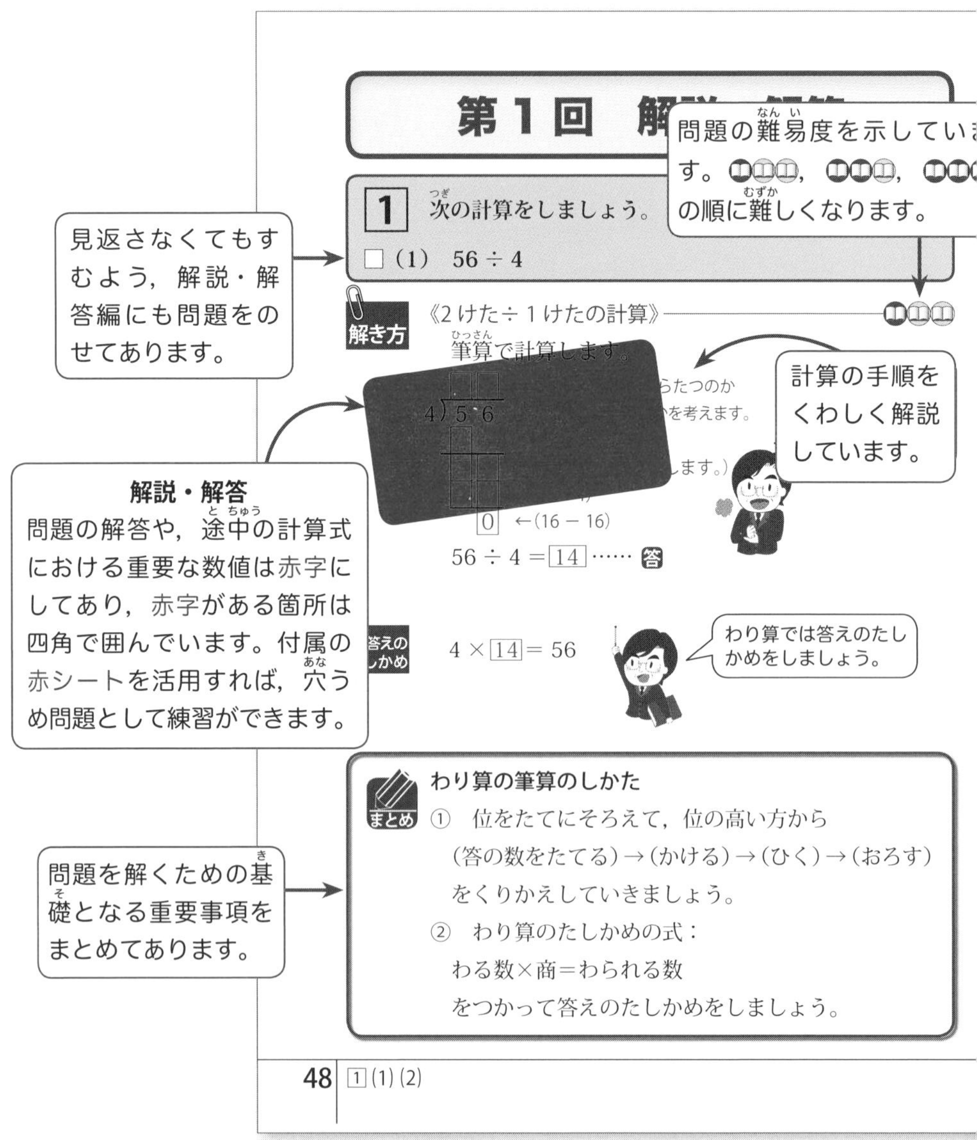

第１回　解説・解答
問題の難易度を示しています。の順に難しくなります。
1　次の計算をしましょう。
□（1）56 ÷ 4
見返さなくてもすむよう，解説・解答編にも問題をのせてあります。
解き方
《2 けた÷ 1 けたの計算》
筆算で計算します。
計算の手順をくわしく解説しています。
解説・解答
問題の解答や，途中の計算式における重要な数値は赤字にしてあり，赤字がある箇所は四角で囲んでいます。付属の赤シートを活用すれば，穴うめ問題として練習ができます。
←(16 − 16)
56 ÷ 4 = 14 …… 答
答えのたしかめ
4 × 14 = 56
わり算では答えのたしかめをしましょう。
問題を解くための基礎となる重要事項をまとめてあります。
まとめ
わり算の筆算のしかた
①　位をたてにそろえて，位の高い方から
(答の数をたてる)→(かける)→(ひく)→(おろす)
をくりかえしていきましょう。
②　わり算のたしかめの式：
わる数×商＝わられる数
をつかって答えのたしかめをしましょう。
48　1 (1) (2)

解答用紙と解答一覧

巻末(かんまつ)には，各回の解答が一目でわかる解答一覧(いちらん)と，実際の試験のものと同じ形式を再現した解答用紙をつけています。標準解答時間を目安に時間を計りながら，実際に検定を受けるつもりで解いてみましょう。

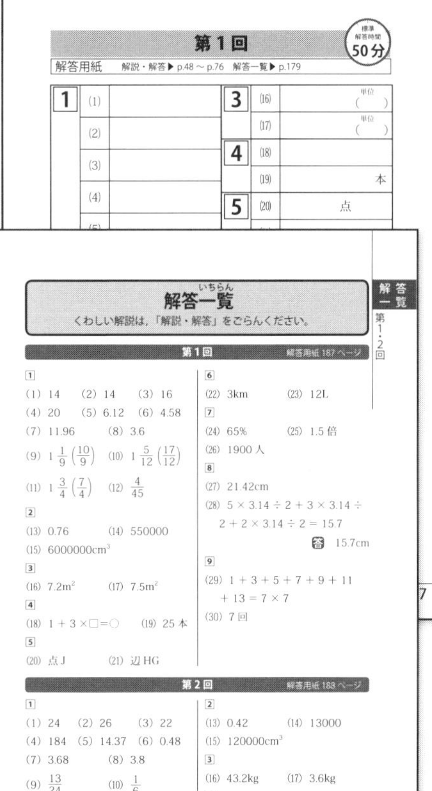

第１回 標準解答時間 50分

解答用紙　解説・解答▶ p.48 ～ p.76　解答一覧▶ p.179

1	(1)		3	(16)	単位（　）
	(2)			(17)	単位（　）
	(3)		4	(18)	
	(4)			(19)	本
	(5)		5	(20)	点

解答一覧(いちらん)

くわしい解説は，「解説・解答」をごらんください。

第１回　解答用紙 187 ページ

1
(1) 14　(2) 14　(3) 16
(4) 20　(5) 6.12　(6) 4.58
(7) 11.96　(8) 3.6
(9) $1\frac{1}{9}\left(\frac{10}{9}\right)$　(10) $1\frac{5}{12}\left(\frac{17}{12}\right)$
(11) $1\frac{3}{4}\left(\frac{7}{4}\right)$　(12) $\frac{4}{45}$

2
(13) 0.76　(14) 550000
(15) $6000000cm^3$

3
(16) $7.2m^2$　(17) $7.5m^2$

4
(18) 1 + 3 ×□=○　(19) 25 本

5
(20) 点 J　(21) 辺 HG

6
(22) 3km　(23) 12L

7
(24) 65%　(25) 1.5 倍
(26) 1900 人

8
(27) 21.42cm
(28) 5 × 3.14 ÷ 2 + 3 × 3.14 ÷ 2 + 2 × 3.14 ÷ 2 = 15.7
答 15.7cm

9
(29) 1 + 3 + 5 + 7 + 9 + 11 + 13 = 7 × 7
(30) 7 回

第２回　解答用紙 188 ページ

1
(1) 24　(2) 26　(3) 22
(4) 184　(5) 14.37　(6) 0.48
(7) 3.68　(8) 3.8
(9) $\frac{13}{24}$　(10) $\frac{1}{6}$
(11) $5\frac{4}{9}\left(\frac{49}{9}\right)$　(12) $\frac{1}{10}$

2
(13) 0.42　(14) 13000
(15) $120000cm^3$

3
(16) 43.2kg　(17) 3.6kg

4
(18) 35%　(19) 18 人

解答一覧 179

解答 一覧　第1・2回

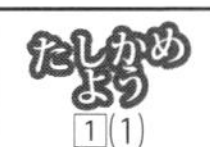

たしかめよう 1(1) 解答→p.182

① 96 ÷ 6　② 78 ÷ 3
③ 72 ÷ 4

□ (2)　672 ÷ 48

解き方　《3 けた÷ 2 けたの計算》

筆算で計算します。

```
       1 4     ←まず商が十の位からたつのか
 48 ) 6 7 2      一の位からたつのかを考え
      4 8      ←(48 × 1)
      1 9 2    ←(67 − 48，2をおろします
      1 9 2    ←(48 × 4)
          0    ←(192 − 192)
```

小宮山先生からの一言アドバイス

ミスしやすいところ，計算のコツ，試験対策(たいさく)のヒントなどを，小宮山先生がアドバイスします。

答えのたしかめ　48 × 14 = 672

わり算では答えのたしかめをしましょう。

練習問題で，解き方を覚えられたかたしかめられます。

たしかめよう 1(2) 解答→p.182

① 546 ÷ 26　② 666 ÷ 18
③ 608 ÷ 32

問題◀ p.18　49

目　次

算数検定７級の内容

算数検定７級の検定内容

●出題範囲

実用数学技能検定は，公益財団法人日本数学検定協会が実施している検定試験です。

１級から11級までと，準１級，準２級をあわせて，13階級あります。そのなかで，１級から５級までは「数学検定」，６級から11級までは「算数検定」と呼ばれています。

検定内容は，Ａグループから M グループまであり，７級はそのなかのＩグループとＪグループからそれぞれ45％ずつ，特有問題から10％程度出題されることになっています。

また，７級の出題内容のレベルは【小学校５年程度】とされています。

７級の出題範囲

Ｉグループ	整数や小数の四則混合計算，約数・倍数，分数の加減，三角形・四角形の面積，三角形・四角形の内角の和，立方体・直方体の体積，平均，単位量あたりの大きさ，多角形，図形の合同，円周の長さ，角柱・円柱，簡単な比例，基本的なグラフの表現，割合や百分率の理解　など
Ｊグループ	整数の四則混合計算，小数・同分母の分数の加減，概数の理解，長方形・正方形の面積，基本的な立体図形の理解，角の大きさ，平行・垂直の理解，平行四辺形・ひし形・台形の理解，表と折れ線グラフ，伴って変わる２つの数量の関係の理解，そろばんの使い方　など

●検定時間と問題数

7 級の検定時間と問題数，合格基準は次のとおりです。

検定時間	問題数	合格基準
50 分	30 問	全問題の 70%程度

なお，解答欄には単位があらかじめ記載されていますが，一部の問題では単位も含めて解答を記入する場合がありますので，注意しましょう。

算数検定 7 級の受検方法

●受検方法

算数検定は，個人受検が年 3 回，団体受検が年 17 回程度，提携会場受検が年 11 回程度行われています。

申込み方法は，個人受検の場合，「インターネット」，「郵送」，「コンビニ」などによる申込み方法があります。

団体受検の場合は，学校や塾などを通じて申し込みます。

●受検資格

原則として受検資格は問われません。誰でもどの級からでも受検できます。

●合否の確認

各検定日の約 3 週間後に，日本数学検定協会ホームページにて，インターネットを利用して検定の合否のみ確認することができます。

結果発表は，検定日から 30 ～ 40 日を目安に，検定結果通知・証書が郵送されます。

団体受検者には，団体の担当者あてにまとめて，個人受検者には，受検者へ直接送られます。

＊受検方法など試験に関する情報は変更になる場合がありますので，事前に必ずご自身で試験実施団体などが発表する最新情報をご確認ください。

公益財団法人 日本数学検定協会

〒 110-0005

東京都台東区上野 5-1-1　文昌堂ビル 4 階

＜個人受検に関する問合せ＞

TEL：03-5812-8349

＜団体受検・提携会場受検に関する問合せ＞

TEL：03-5812-8341

ホームページ：https://www.su-gaku.net/

7級でよくでる問題

7級で出題される問題の中で，ポイントとなる項目についてまとめました。

7級では，大問9問のうち，1番と2番は次のように毎回同じタイプの問題が出題されています。基本的な問題ですから，確実に得点できるようにしておきましょう。

1 （12問）整数・小数・分数の四則計算
2 （3問）小数の意味，概数の問題，面積・体積の単位の問題

数の計算

整数, 小数, 分数の四則計算（たし算, ひき算, かけ算, わり算）の方法を確認し，くり返し練習しましょう。また，かっこや四則計算がまじった式では，

かっこ内の計算 → かけ算・わり算 → たし算・ひき算

の順で計算することに注意しましょう。

ポイント

(1) （整数）÷（整数）の計算

筆算で計算します。

例 $96 \div 6$

```
   1 6   ←まず商(しょう)が十の位(くらい)からたつのか
6)9 6      一の位からたつのかを考えます。
  6      ←(6 × 1)
  3 6    ←(9 − 6，6をおろします。)
  3 6    ←(6 × 6)
    0    ←(36 − 36)
```

例 $735 \div 49$

```
       1 5   ←まず商が十の位からたつのか
49)7 3 5       一の位からたつのかを考えます
   4 9       ←(49 × 1)
   2 4 5     ←(73 − 49，5をおろします。)
   2 4 5     ←(49 × 5)
       0     ←(245 − 245)
```

(2) 四則計算がまじった式

計算の順番に注意しましょう。

例 $24 + 12 \div 6$

$= 24 + 2$　　＋より÷を先に計算します。

$= 26$

(3) (小数＋小数)，(小数−小数) の計算

筆算で計算します。

例

```
    3.7 6
 +  2.4 8  ←位をそろえて書きます。
 ---------
    6.2 4  ←整数のときと同じように計算し，小数点を上
             と同じ位置にうちます。
```

例

$$\begin{array}{r} 7.15 \\ -\ 4.79 \\ \hline 2.36 \end{array}$$

←位をそろえて書きます。
←整数のときと同じように計算し，小数点を上と同じ位置にうちます。

(4)（小数）×（小数），（小数）÷（小数）の計算

筆算で計算します。

例

$$\begin{array}{r} 5.7 \\ \times\ 2.5 \\ \hline 285 \\ 114\ \ \\ \hline 14.25 \end{array}$$

5.7 →小数部分 1 けた
2.5 →小数部分 1 けた
14.25 ←小数部分 2 けた

例

$$\begin{array}{r} 3.5 \\ 4.3 \overline{)\,15.05} \\ 129\ \ \\ \hline 215 \\ 215 \\ \hline 0 \end{array}$$

←③わられる数の小数点の位置に合わせます。
←①わる数が整数になるように，小数点を右にうつします。
②わられる数の小数点も同じけただけ右にうつします。

(5)（分数）＋（分数），（分数）－（分数）の計算

分数の計算で答えが真分数にならないとき，仮分数と帯分数のどちらで答えてもかまいません。

例

$$\frac{1}{5}+\frac{9}{10}$$

$$=\frac{1\times2}{5\times2}+\frac{9}{10}$$

5 と 10 の最小公倍数 10 を共通な分母にして通分します。

$$=\frac{2}{10}+\frac{9}{10}$$

$$=\frac{2+9}{10}$$

分子どうしをたします。

$$= 1\frac{1}{10} \quad \left(\frac{11}{10}\right)$$

例

$$2\frac{3}{4} - \frac{5}{6}$$

$$= 2\frac{3 \times 3}{4 \times 3} - \frac{5 \times 2}{6 \times 2}$$

4と6の最小公倍数12を共通な分母にして通分します。

$$= 2\frac{9}{12} - \frac{10}{12}$$

$$= 1\frac{21}{12} - \frac{10}{12}$$

分子がひけないときは，帯分数の中の1をつかって仮分数になおします。

$$= 1\frac{11}{12} \quad \left(\frac{23}{12}\right)$$

(6)（分数）×（整数），（分数）÷（整数）の計算

例

$$\frac{9}{40} \times 8$$

$$= \frac{9 \times \overset{1}{\cancel{8}}}{\underset{5}{\cancel{40}}}$$

整数を分子にかけて，約分(やくぶん)します。

$$= \frac{9}{5}$$

$$= 1\frac{4}{5} \quad \left(\frac{9}{5}\right)$$

例

$$\frac{10}{21} \div 6$$

$$= \frac{\overset{5}{\cancel{10}}}{21 \times \underset{3}{\cancel{6}}}$$

整数を分母にかけて，約分します。

$$= \frac{5}{63}$$

概数（がいすう）

> 指示（しじ）された位（くらい）のすぐ下の位の数を四捨五入（ししゃごにゅう）します。

ポイント

大きな数では，どの数字が何（なん）の位かをまず調（しら）べましょう。

例 6 5 7 4 1 8

6	5	7	4	1	8
十万の位	一万の位	千の位	百の位	十の位	一の位

一万の位までの概数

千の位の数を四捨五入すると，切り上げになります。

　　　1 0 0 0 0
657418 → 660000

千の位までの概数

百の位の数を四捨五入すると，切り捨（す）てになります。

　　　　0 0 0
657418 → 657000

面積（めんせき）・体積（たいせき）の単位（たんい）

面積と体積の単位を入れかえられるようになりましょう。

面積の単位

$1m^2 = 10000cm^2$，$1km^2 = 1000000m^2$，

$1ha = 10000m^2$，$1a = 100m^2$，$1ha = 100a$

1a は 1 辺（ぺん）が 10m の正方形の面積と同じです。

1ha は 1 辺が 100m の正方形の面積と同じです。

体積の単位

$1m^3 = 1000000cm^3$，$1L = 1000cm^3$，

$1dL = 100cm^3$，$1L = 10dL$，$1kL = 1000L = 1m^3$

ポイント

小さな単位から大きな単位へ，大きな単位から小さな単位へ，どちらもできるようになりましょう。

例 $14m^2 = 14 \times 1m^2 = 14 \times 10000cm^2 = 140000cm^2$

$7m^3 = 7 \times 1m^3 = 7 \times 1000000cm^3 = 7000000cm^3$

$300000cm^2 = 30 \times 10000cm^2 = 30 \times 1m^2 = 30m^2$

$2000000cm^3 = 2 \times 1000000cm^3 = 2 \times 1m^3 = 2m^3$

大問の９問のうち，３番以降で出題されている内容では，図形とグラフがよく出題されています。

三角形・四角形の面積

面積の公式を覚えておきましょう。

三角形の面積＝底辺×高さ÷２，長方形の面積＝たて×横

正方形の面積＝１辺×１辺，平行四辺形の面積＝底辺×高さ

台形の面積＝（上底＋下底）×高さ÷２

ひし形の面積＝対角線×対角線÷２

ポイント

三角形と四角形を組み合わせた形の面積を求められるようになりましょう。

例

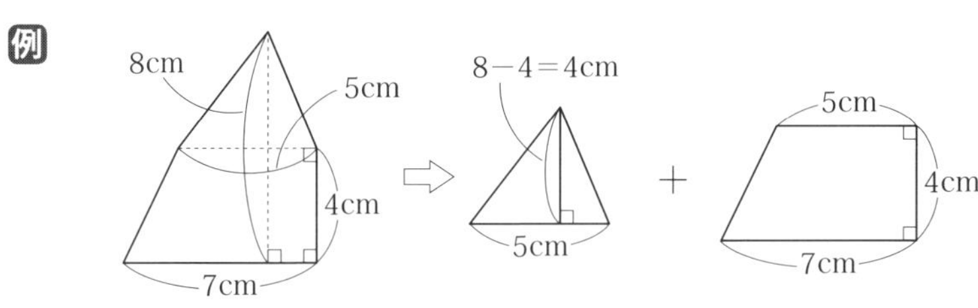

面積：$5 \times 4 \div 2 + (5 + 7) \times 4 \div 2 = 10 + 24 = 34$ (cm^2)

直方体・立方体の体積

体積の公式を覚えておきましょう。
直方体の体積＝たて×横×高さ
立方体の体積＝１辺×１辺×１辺

ポイント

直方体や立方体を組み合わせた形の体積を求められるようになりましょう。

例

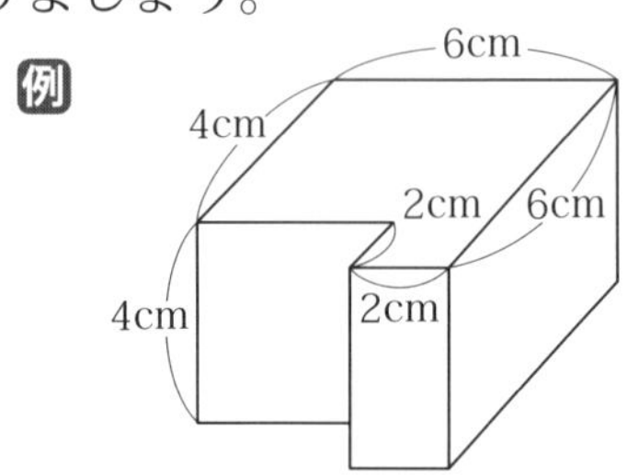

（考え方 1）　2 つの直方体に分けて計算します。

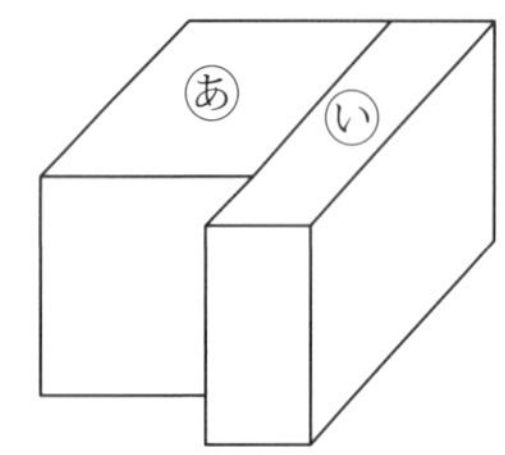

ⓐ あ　$4 \times 4 \times 4 = 64$

い　$6 \times 2 \times 4 = 48$

$64 + 48 = 112$　　<u>112cm³</u>

（考え方 2）　大きな直方体から小さな直方体をひいて計算します。

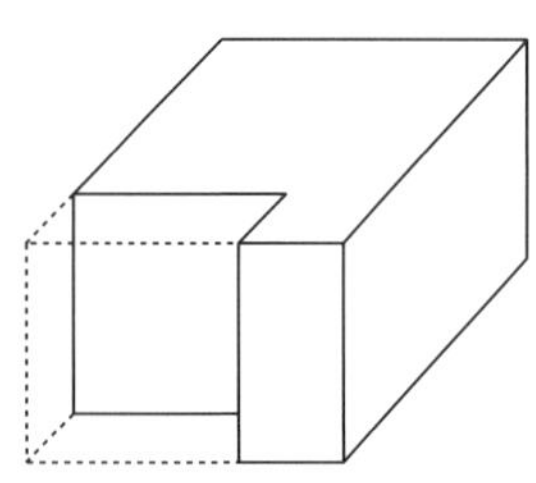

大　$6 \times 6 \times 4 = 144$

小　$2 \times 4 \times 4 = 32$

$144 - 32 = 112$　　<u>112cm³</u>

多角形の角の大きさの和

三角形の 3 つの角の大きさの和…180°
四角形の 4 つの角の大きさの和…360°
五角形の 5 つの角の大きさの和…540°

ポイント

角が 1 つ増えるごとに，180°ずつ増えていきます。

例　次のⓐからⓔの角度を求めましょう。

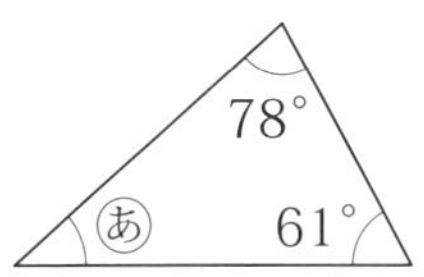

あ：180 − 78 − 61 = 41

41°

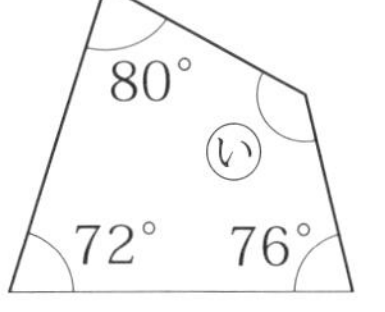

い：360 − 80 − 72 − 76 = 132

132°

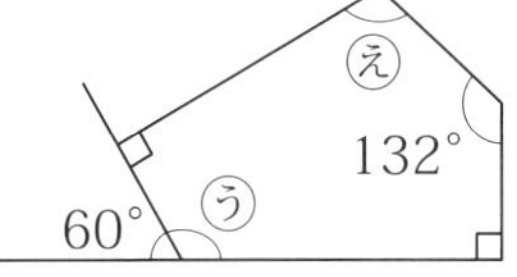

う：180 − 60 = 120　120°

え：540 − 90 − 120 − 90 − 132 = 108

108°

いろいろなグラフ

折れ線グラフ…変わり方のようすが，ぼうグラフよりよくわかる。

円グラフ………全体を円で表し，割合にしたがって半径で区切ったグラフで，全体に対する部分の割合や，部分どうしの割合を比べやすい。

帯グラフ………	全体を長方形で表し，割合にしたがって区切ったグラフで，全体に対する部分の割合や，部分どうしの割合を比べやすい。

ポイント

折れ線グラフでは，変わり方が大きいところほど，線のかたむきが急になります。円グラフや帯グラフでは，割合のみが表されているので，それぞれの部分の量は全体の量から計算で求めましょう。

例 折れ線グラフ

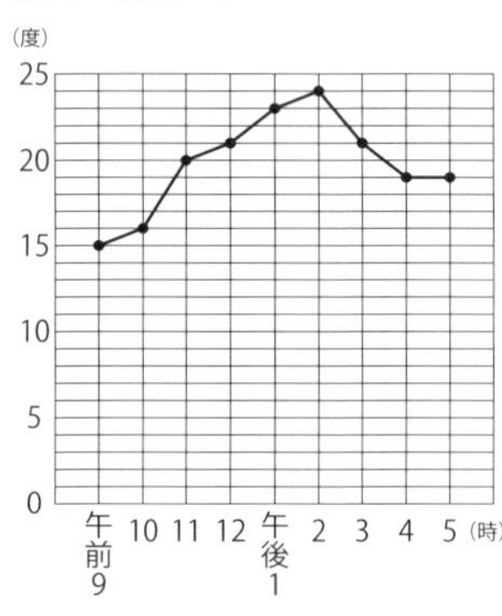

⇒気温の下がり方がいちばん大きかったのは，午後2時から午後3時の間です。

円グラフ・帯グラフ

好きな教科の割合

教　科	国語	算数	理科	社会	その他
割合（%）	24	18	16	14	28

円グラフ

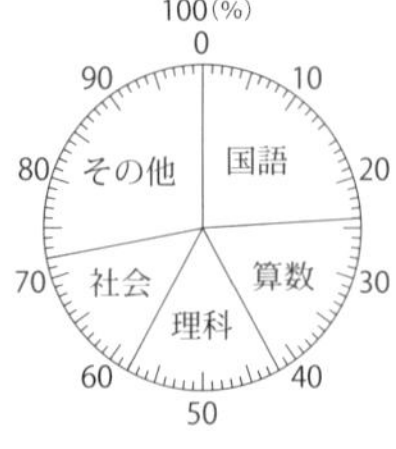

帯グラフ

0　10　20　30　40　50　60　70　80　90　100(%)

国語	算数	理科	社会	その他

第1回　算数検定

7級

── 検定上の注意 ──

1. 検定時間は50分です。
2. ものさし・分度器・コンパスを使用することができます。電卓を使用することはできません。
3. 答えはすべて解答用紙に書いてください。
4. 答えが分数になるとき，約分してもっとも簡単な分数にしてください。

＊解答用紙は187ページ

1 次の計算をしましょう。（計算技能）

（1） $56 \div 4$

（2） $672 \div 48$

（3） $(453 - 37) \div 26$

（4） $12 + 48 \div 6$

（5） $2.65 + 3.47$

（6） $8.26 - 3.68$

（7） 4.6×2.6

（8） $15.12 \div 4.2$

（9） $\frac{1}{3} + \frac{7}{9}$

（10） $2\frac{1}{4} - \frac{5}{6}$

（11） $\frac{7}{24} \times 6$

（12） $\frac{8}{15} \div 6$

2 次の □ にあてはまる数を求めましょう。

（13） 0.1 を 7 個と 0.01 を 6 個合わせた数は □ です。

（14） 548327 の千の位を四捨五入して，一万の位までの概数にすると □ になります。

（15） $6\text{m}^3 = \square\ \text{cm}^3$

3 南小学校の花だんの面積は $9\mathrm{m}^2$ です。次の問題に単位をつけて答えましょう。

（16） 東小学校の花だんの面積は，南小学校の花だんの面積の 0.8 倍のとき，東小学校の花だんの面積は何 m^2 ですか。

（17） 南小学校の花だんの面積は，西小学校の花だんの面積の 1.2 倍のとき，西小学校の花だんの面積は何 m^2 ですか。

4 図のようにマッチぼうで正方形をつなげた形をつくります。

下の表は，正方形の数とマッチぼうの数の関係を表したものです。

これについて，次の問題に答えましょう。

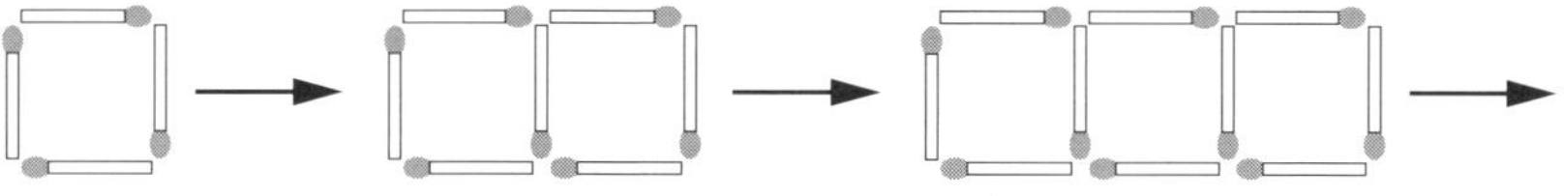

正方形の数（個）	1	2	3	4	
マッチぼうの数（本）	4	7	10	13	

（18） 正方形の数を□個，マッチぼうの数を○本として，□と○の関係を式に表しましょう。 （表現技能）

（19） 正方形の数が 8 個のときのマッチぼうの数は何本ですか。

解説・解答▷▶ p.48 ～ p.64

5　下の図の㋐と㋑の２つの図形は合同です。次の問題に答えましょう。

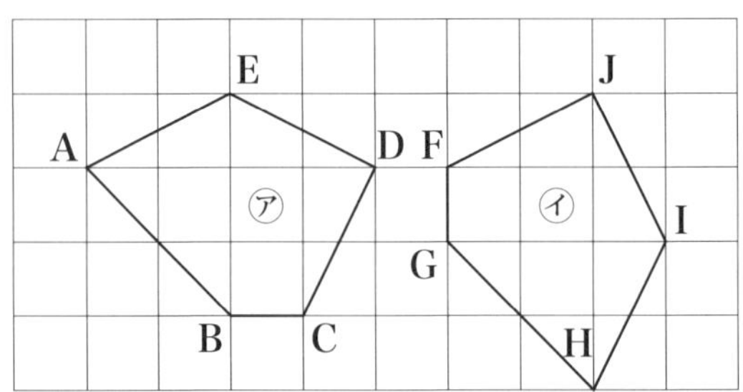

(20)　点Ｄに対応する頂点はどれですか。

(21)　辺ABに対応する辺はどれですか。

6　ガソリン 12L で 216km 走る自動車㋐と，ガソリン 18L で 270km 走る自動車㋑があります。このとき，次の問題に答えましょう。

(22)　ガソリン 1L あたり自動車㋐は自動車㋑より何 km 多く走りますか。

(23)　1080km 走るには，自動車㋑は自動車㋐より何 L 多くのガソリンが必要になりますか。

7 下の２つの円グラフは，ある市の人口の変化について調べた結果を表したものです。これについて，次の問題に答えましょう。 （統計技能）

1980年
（全体10万人）

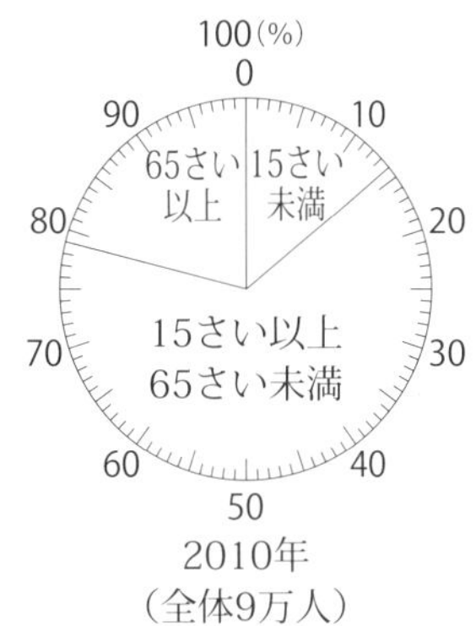

2010年
（全体9万人）

(24) 1980 年のとき，15 さい以上 65 さい未満の人口の割合は全体の何％ですか。

(25) 2010 年のとき，65 さい以上の人口は，15 さい未満の人口の何倍ですか。小数で求めましょう。

(26) 1980 年から 2010 年にかけて，65 さい以上の人口は何人増えましたか。

解説・解答▷▶ p.65 ～ p.70

8 下の図形のまわりの長さは，それぞれ何 cm ですか。(28) は，計算の途中の式と答えを書きましょう。円周率は 3.14 とします。 (測定技能)

(27) 円を 4 等分したもの

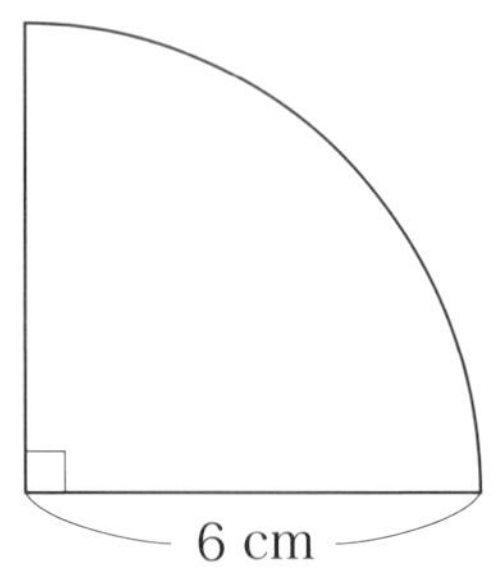

(28) 半円を組み合わせた図形

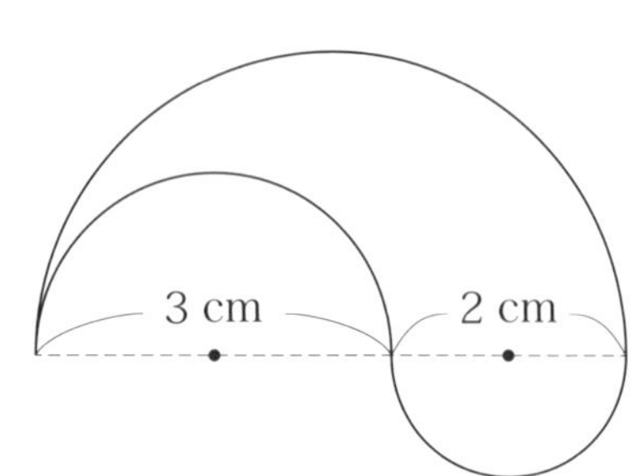

9 下の式は，あるきまりにしたがってならんでいます。これについて，次の問題に答えましょう。 (整理技能)

1 番め	1 ＝ 1 × 1
2 番め	1 ＋ 3 ＝ 2 × 2
3 番め	1 ＋ 3 ＋ 5 ＝ 3 × 3
4 番め	1 ＋ 3 ＋ 5 ＋ 7 ＝ 4 × 4
⋮	⋮
7 番め	□

(29) 7 番めの□に入る式を書きましょう。

(30) 1 番めから 7 番めの式の中に数字の 5 は何回現れますか。

解説・解答▷▶ p.72 ～ p.75

第2回　算数検定

7級

── 検定上の注意 ──

1. 検定時間は 50 分です。
2. ものさし・分度器・コンパスを使用することができます。電卓を使用することはできません。
3. 答えはすべて解答用紙に書いてください。
4. 答えが分数になるとき，約分してもっとも簡単な分数にしてください。

＊解答用紙は 188 ページ

1 次の計算をしましょう。　（計算技能）

(1) $72 \div 3$

(2) $910 \div 35$

(3) $792 \div (64 - 28)$

(4) $112 + 18 \times 4$

(5) $6.57 + 7.8$

(6) $4.07 - 3.59$

(7) 0.8×4.6

(8) $1.444 \div 0.38$

(9) $\frac{5}{24} + \frac{1}{3}$

(10) $1\frac{1}{15} - \frac{9}{10}$

(11) $\frac{7}{36} \times 28$

(12) $1\frac{3}{5} \div 16$

2 次の □ にあてはまる数を求めましょう。

(13) 0.1 を 4 個と 0.01 を 2 個合わせた数は □ です。

(14) 12647 の百の位を四捨五入して，千の位までの概数にすると □ になります。

(15) $12\text{m}^2 = \square\ \text{cm}^2$

3 5.4kg のお米が入った袋が 8 個あります。これについて，次の問題に単位をつけて答えましょう。

(16) お米は全部で何 kg ありますか。

(17) 8 個の袋に入っているお米全部を 12 人で等分します。1 人分のお米は何 kg になりますか。

4 はるこさんの小学校の 5 年生 120 人全員に好きなスポーツについてのアンケートをとりました。これについて，次の問題に答えましょう。

(18) サッカーと答えた人数は 42 人でした。サッカーと答えた人数は，5 年生全体の何％ですか。

(19) 野球と答えた人数は，5 年生全体の 15％でした。野球と答えた人数は何人ですか。

解説・解答▷▶ p.77 ～ p.91

5 右の図は直方体の展開図です。この展開図を組み立てるとき，次の問題に答えましょう。

ア イ

㋐

㋑ ㋒ ㋓ ㋔

㋕

(20) 面㋑と垂直になる面はいくつありますか。

(21) 辺アイに平行な辺はいくつありますか。

6 ある学校で，月曜日から土曜日までの 6 日間にすてられるごみの重さを調べたら，次の表のようになりました。

曜日	月	火	水	木	金	土
ごみの重さ (kg)	3.5	7.2	5.7	4.9	9.3	1.8

このとき，次の問題に答えましょう。(23) は計算の途中の式と答えを書きましょう。

(22) 1 日平均何 kg のごみがすてられているでしょうか。

(23) 日曜日，祝日をのぞき 1 か月は 25 日とします。1 か月のごみの量を 100kg におさえたいとき，1 日あたり何 kg のごみをへらせばよいでしょうか。

7 右の折れ線グラフは，ある市の月ごとの平均気温を表したものです。これについて，次の問題に答えましょう。（統計技能）

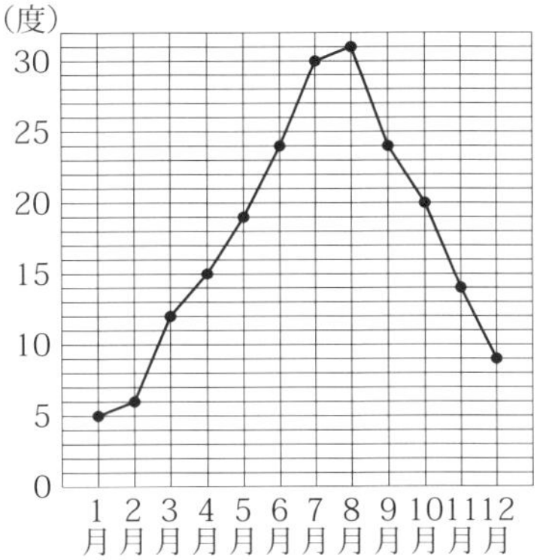

(度)

平均気温の変化

(24) 平均気温が最も高い月と最も低い月との差は何度ですか。

(25) 気温の下がり方がいちばん大きかったのは何月から何月の間ですか。

下の㋐から㋔までの中から１つを選んで，その記号を答えましょう。

㋐ 7 月から 8 月までの間

㋑ 8 月から 9 月までの間

㋒ 9 月から 10 月までの間

㋓ 10 月から 11 月までの間

㋔ 11 月から 12 月までの間

解説・解答▷▶ p.93 ～ p.97

8 下の四角形の性質について，次の問題に答えましょう。

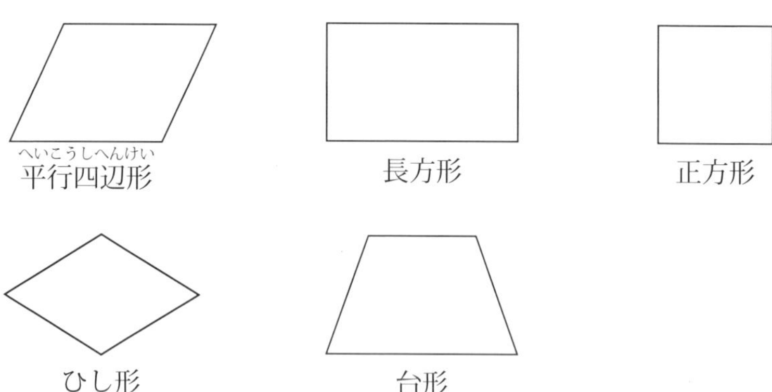

(26)　向かい合う辺の長さが２組とも等しく，かつ平行である四角形をすべて書きましょう。

(27)　２本の対角線の長さが等しい四角形をすべて書きましょう。

(28)　２本の対角線によって合同な４つの三角形に分けられる四角形をすべて書きましょう。

9 1，2，2，5の数字が書かれたカードが１まいずつあります。この中から３まいのカードを選び，ならべて３けたの整数をつくります。このとき次の問題に答えましょう。

(整理技能)

(29)　いちばん小さい奇数はいくつですか。

(30)　いちばん大きい偶数はいくつですか。

解説・解答▷▶ p.98 ～ p.101

第3回　算数検定

7級

―― 検定上の注意 ――

1. 検定時間は50分です。
2. ものさし・分度器・コンパスを使用することができます。電卓を使用することはできません。
3. 答えはすべて解答用紙に書いてください。
4. 答えが分数になるとき，約分してもっとも簡単な分数にしてください。

＊解答用紙は189ページ

1 次(つぎ)の計算をしましょう。　　　　（計算技能）

（1）　$91 \div 7$

（2）　$812 \div 29$

（3）　$56 \times (42 - 27)$

（4）　$80 - 64 \div 4$

（5）　$0.47 + 6.64$

（6）　$10.6 - 7.62$

（7）　5.2×4.8

（8）　$39.36 \div 1.6$

（9）　$\frac{2}{5} + \frac{3}{10}$

（10）　$3\frac{1}{3} - \frac{7}{8}$

（11）　$\frac{19}{60} \times 5$

（12）　$\frac{5}{7} \div 20$

2 次(つぎ)の □ にあてはまる数を求(もと)めましょう。

（13）　0.1 を 2 個(こ)と 0.01 を 7 個合わせた数は □ です。

（14）　7287 の十の位(くらい)を四捨五入(ししゃごにゅう)して，百の位までの概数(がいすう)にすると □ になります。

（15）　$3000000\text{cm}^3 = \square\ \text{m}^3$

3 たての長さが 1.8m，まわりの長さが 6.6m の長方形の土地があります。次(つぎ)の問題(もんだい)に単位(たんい)をつけて答えましょう。

（16） 横(よこ)の長さは何 m ですか。

（17） この長方形の土地の面積(めんせき)は何 m^2 ですか。

4 下の表(ひょう)は，えりこさんのクラスで学校へ登校(とうこう)するのにかかる時間を調べ，その結果(けっか)をまとめたものです。次(つぎ)の問題(もんだい)に答えましょう。 （統計技能）

登校にかかる時間（人）

	男子	女子	合計
15 分未満(みまん)	10	6	
15 分以上	12		
合　計			36

（18） クラスの女子は全部(ぜんぶ)で何人ですか。

（19） 登校に 15 分以上かかる人は全部で何人ですか。

5　下の図のあ，いの角の大きさは，それぞれ何度(なんど)ですか。単位(たんい)をつけて答えましょう。

(20)　　　　(21)

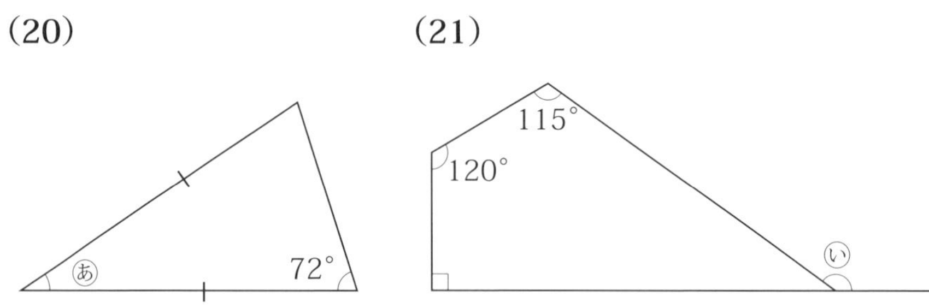

6　たかしくんは全部(ぜんぶ)で 352 ページある本を読んでいます。5 日間で 80 ページ読みました。これについて，次(つぎ)の問題(もんだい)に答えましょう。

(22)　1 日に読んだページ数は，平均(へいきん)何ページでしょうか。

(23)　このまま読み続けると，本を読み終えるまでに全部で何日かかるでしょうか。

7　1から20までの整数について，次の問題に答えましょう。

(24)　3の倍数は，何個ありますか。

(25)　2と3の公倍数をすべて求めましょう。

(26)　素数は何個ありますか。

8　下の図形の面積は，それぞれ何 cm^2 ですか。(28) は計算の途中の式と答えを書きましょう。　(測定技能)

(27) ひし形

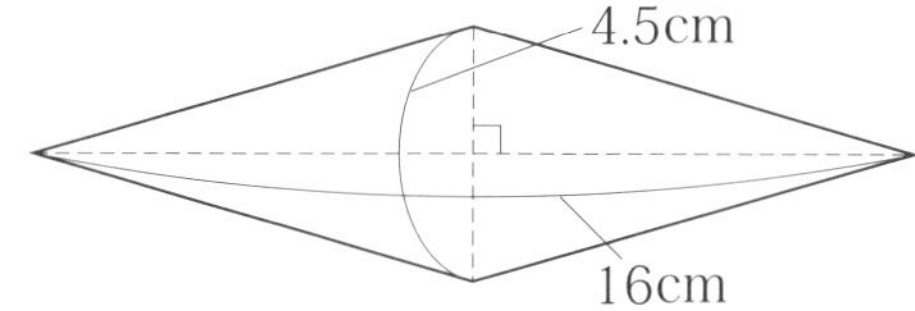

(28)　台形と三角形を組み合わせた図形

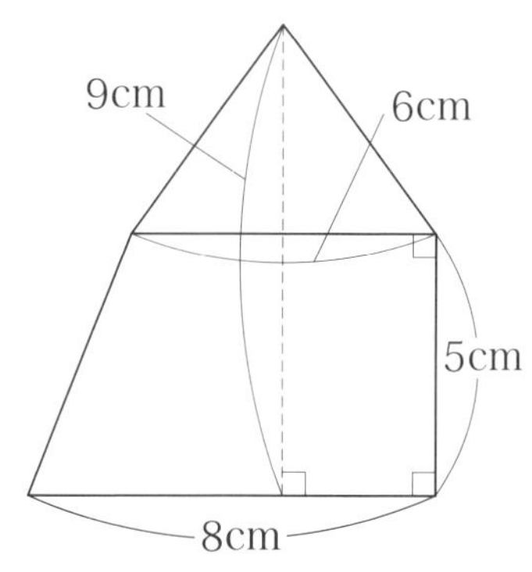

第3回 問題

9　1km² あたりの人口を人口密度といい，次の式で計算されます。

人口密度＝人口÷面積（km^2）

これについて，次の問題に答えましょう。

(29)　A町の人口は27400人で，面積は220km^2です。A町の人口密度を，四捨五入して一の位までの概数で求めましょう。

(30)　B町の人口は41300人で，面積340km^2です。A町とB町では，どちらのほうがこんでいるといえるでしょうか。

解説・解答▷▶ p.125 ～ p.126

第４回　算数検定

７級

―― 検定上の注意 ――

1. 検定時間は50分です。
2. ものさし・分度器・コンパスを使用することができます。電卓を使用することはできません。
3. 答えはすべて解答用紙に書いてください。
4. 答えが分数になるとき，約分してもっとも簡単な分数にしてください。

＊解答用紙は190ページ

1 次の計算をしましょう。　（計算技能）

（1）　$85 \div 5$

（2）　$952 \div 56$

（3）　$(568 + 56) \div 52$

（4）　$22 + 28 \times 6$

（5）　$5.97 + 4.54$

（6）　$6.02 - 1.39$

（7）　5.4×0.7

（8）　$80.94 \div 3.8$

（9）　$\frac{2}{3} + \frac{5}{6}$

（10）　$2\frac{2}{9} - \frac{5}{6}$

（11）　$\frac{9}{40} \times 8$

（12）　$\frac{9}{14} \div 12$

2 次の□にあてはまる数を求めましょう。

（13）　0.1 を 9 個と 0.01 を 3 個合わせた数は□です。

（14）　31518 の百の位を四捨五入して，千の位までの概数にすると□になります。

（15）　$4\text{km}^2 = \square\ \text{m}^2$

3 次の問題に単位をつけて答えましょう。

(16) 6.5L の重さが 7.8kg の油があります。この油 1L の重さは何 kg ですか。

(17) 50.4cm のテープから，8.2cm のテープを 6 本とると，残りは何 cm でしょうか。

4 たて 6cm，横 8cm の長方形の紙を図のようにならべて，大きな長方形を作ります。このとき，次の問題に答えましょう。

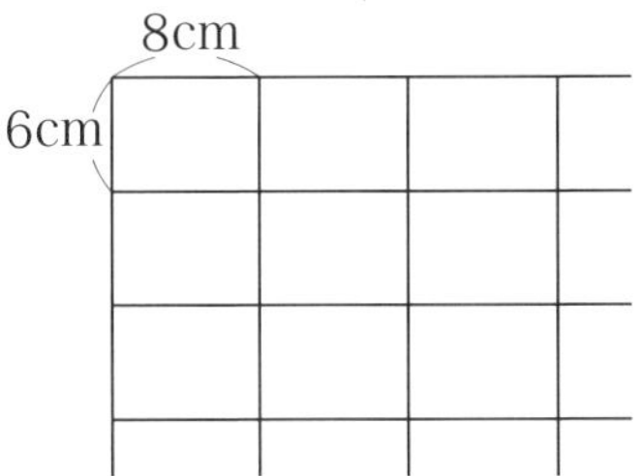

(18) たて 24cm，横 64cm の長方形を作るには，長方形の紙は何まい使いますか。

(19) できるだけ小さい正方形を作るとき長方形の紙は何まい使いますか。

解説・解答▷▶ p.128 ～ p.143

5　右の図は三角柱の展開図です。これについて，次の問題に答えましょう。

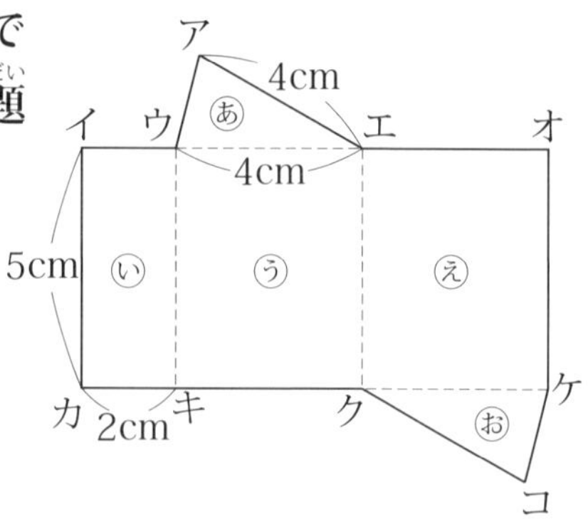

(20)　直線カケの長さは何 cm ですか。

(21)　点ケと重なる点はどれですか。

6　けんじさんが 8 歩歩いた長さは 4.4m ありました。また，けんじさんが池の周りを歩いたら 1 周 540 歩ありました。

(22)　けんじさんの 1 歩の歩はばの平均は，何 m ですか。

(23)　池の周りは，約何 m ですか。

7 右の円グラフは，ある市の土地利用の割合を表したものです。これについて，次の問題に答えましょう。（統計技能）

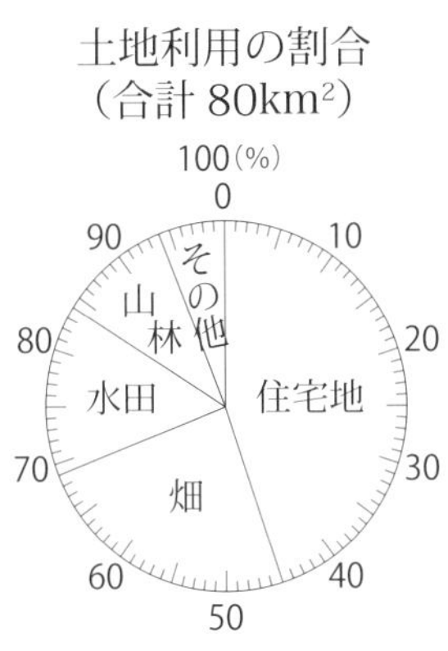

（24） 畑の面積は，全体の何％ですか。

（25） 住宅地の面積は，水田の面積の何倍と考えられますか。

（26） 水田の面積は何 km^2 ですか。

8 次のような図形の面積と体積を，単位をつけて答えましょう。（28）は，計算の途中の式と答えを書きましょう。図形の角は全部直角です。（測定技能）

（27） 面積

5cm
7cm
4.8cm
8cm

（28） 体積

18cm
12cm
18cm
15cm
30cm
10cm

解説・解答▷▶ p.144 ～ p.150

9 下のように，あるきまりにしたがって式(しき)をつくります。このとき，次(つぎ)の問題(もんだい)に答えましょう。　　　　(整理技能)

1 番め　　$\frac{1}{1\times2}=\frac{1}{1}-\frac{1}{2}$

2 番め　　$\frac{1}{2\times3}=\frac{1}{2}-\frac{1}{3}$

3 番め　　$\frac{1}{3\times4}=\frac{1}{3}-\frac{1}{4}$

・
・
・

(29)　5 番めの式を書きましょう。

(30)　$\frac{1}{1\times2}+\frac{1}{2\times3}+\frac{1}{3\times4}$　を計算しましょう。

解説・解答▷▶ p.152 ～ p.153

第5回　算数検定

7級

― 検定上の注意 ―

1. 検定時間は50分です。
2. ものさし・分度器・コンパスを使用することができます。電卓を使用することはできません。
3. 答えはすべて解答用紙に書いてください。
4. 答えが分数になるとき，約分してもっとも簡単な分数にしてください。

＊解答用紙は191ページ

1 次(つぎ)の計算をしましょう。　(計算技能)

(1)　$98 \div 7$

(2)　$666 \div 37$

(3)　$25 \times (28 - 12)$

(4)　$120 - 40 \div 5$

(5)　$2.58 + 6.94$

(6)　$6.15 - 2.66$

(7)　3.4×1.9

(8)　$90.72 \div 3.6$

(9)　$\frac{1}{5} + \frac{7}{15}$

(10)　$2\frac{1}{4} - \frac{7}{10}$

(11)　$\frac{5}{48} \times 30$

(12)　$\frac{24}{25} \div 16$

2 次(つぎ)の□にあてはまる数を求(もと)めましょう。

(13)　0.1 を 6 個(こ)と 0.01 を 5 個合わせた数は□です。

(14)　2786543 の一万の位(くらい)を四捨五入(ししゃごにゅう)して，十万の位までの概数(がいすう)にすると□になります。

(15)　$700000\text{cm}^2 = \square\ \text{m}^2$

3 長方形のたての長さは 37.2cm，横の長さはたての長さより 12.4cm 短いです。このとき，次の問題に単位をつけて答えましょう。

(16) 横の長さは何 cm ですか。

(17) たての長さは横の長さの何倍ですか。

4 1 個 85 円のおかしを 40 円の箱に入れてもらいます。下の表は，おかしの個数と代金の関係を表したものです。これについて，次の問題に答えましょう。

おかしの個数（個）	1	2	3	4	
代　金（円）	125	210	295	380	

(18) おかしの数を□個，代金を○円として，□と○の関係を式に表しましょう。　（表現技能）

(19) おかしの数が 10 個のとき，代金は何円になりますか。

解説・解答▷▶ p.154 ～ p.169

5 図のような内のりの長さがわかっている直方体の形をした水そうがあります。このとき，次の問題に答えましょう。

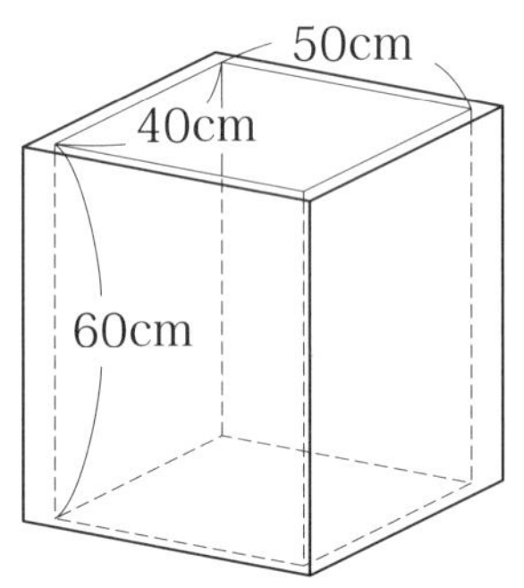

(20) この水そうの容積は何 cm^3 ですか。

(21) この水そうには何 L の水が入るでしょうか。

6 ある動物園の入園料は大人が 1200 円で，子どもはその 75%です。このとき，次の問題に答えましょう。

(22) 子どもの入園料は何円でしょうか。

(23) 子どもが 10 人いっしょに入ると，入園料は 5%わり引きされます。子ども 10 人分の入園料は何円でしょうか。

7　下の帯グラフは，小学校の５年生の好きな教科の割合を表したものです。これについて，次の問題に答えましょう。

（統計技能）

0　10　20　30　40　50　60　70　80　90　100（%）

国語	算数	理科	社会	その他

（24）　理科が好きな人の割合は，全体の何％ですか。

（25）　その他のうちの半分は，好きな教科はないと答えた人でした。好きな教科がないと答えた人の割合は全体の何％ですか。

（26）　この小学校の５年生は全部で 165 人でした。算数が好きな人は何人いましたか。

8　下の図は正五角形です。次の問題に答えましょう。

（測定技能）

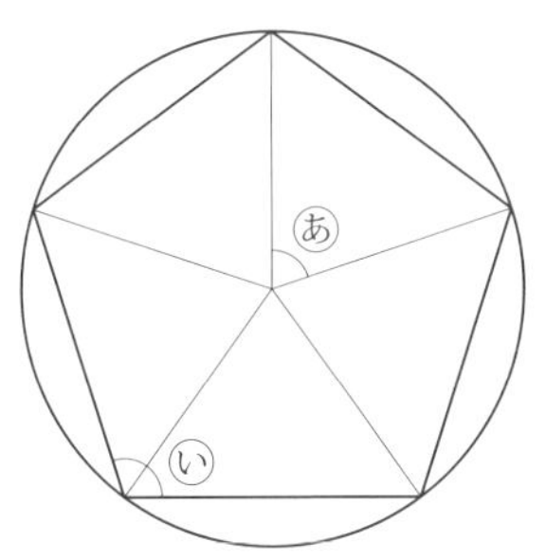

（27）　Ⓐの角の大きさは何度ですか。

（28）　Ⓘの角の大きさは何度ですか。この問題は，計算の途中の式と答えを書きましょう。

解説・解答▷▶ p.169 ～ p.175

9　1から60までの整数(せいすう)から，下の図のように3の倍数(ばいすう)と4の倍数を順に消していき，残(のこ)った整数を小さい順にならべて①をつくります。

1，2，~~3~~，~~4~~，5，~~6~~，7，~~8~~，~~9~~・・・，（3の倍数／4の倍数）59，~~60~~

1，2，5，7，・・・・・・・，59――①

次(つぎ)の問題(もんだい)に答えましょう。　（整理技能）

(29)　残った整数①の小さい方から6番めの数はいくつですか。

(30)　①にはいくつの数が残っていますか。

解説・解答▷▶ p.177

読んでおぼえよう解法のコツ
7級
解説・解答

本試験と同じ形式の問題5回分のくわしい解説と解答がまとめられています。えん筆と計算用紙を用意して，特に，わからなかった問題やミスをした問題をもう一度たしかめましょう。そうすることにより，算数検定7級合格に十分な力を身につけることができます。

大切なことは，どうしてまちがえたかをはっきりさせて，同じまちがいをくり返さないようにすることです。そのため，「解説・解答」には，みなさんの勉強を助けるために，次のようなアイテムを入れています。

問題を解くときに必要な基礎知識や重要なことがらをまとめてあります。

小宮山先生からのひとことアドバイス

問題を解くときに大切なポイント

問題を解くうえで，知っておくと役に立つことがら

本問をまちがえた場合のたしかめ問題。この問題を解いてしっかり実力をつけておきましょう。

（難易度）　：やさしい　：ふつう　：むずかしい

第１回　解説・解答

1　次の計算をしましょう。　（計算技能）

□（1）　56 ÷ 4

《2けた÷1けたの計算》

筆算で計算します。

```
    1 4    ←まず商が十の位からたつのか
4）5 6       一の位からたつのかを考えます。
   4       ←(4 × 1)
   1 6     ←(5 − 4，6をおろします。)
   1 6     ←(4 × 4)
     0     ←(16 − 16)
```

わり算の筆算では，位をたてにそろえることが大切です。

56 ÷ 4 ＝ 14 …… 答

4 × 14 ＝ 56

わり算では答えのたしかめをしましょう。

わり算の筆算のしかた

①　位をたてにそろえて，位の高い方から（答の数をたてる）→（かける）→（ひく）→（おろす）をくりかえしていきましょう。

②　わり算のたしかめの式：
わる数×商＝わられる数
をつかって答えのたしかめをしましょう。

たしかめよう

1(1)
解答→p.182

① 96 ÷ 6　　② 78 ÷ 3
③ 72 ÷ 4

□(2)　672 ÷ 48

解き方

《3けた÷2けたの計算》

筆算で計算します。

```
        1 4     ←まず商が十の位からたつのか
 48 ) 6 7 2       一の位からたつのかを考えます
      4 8       ←(48 × 1)
      1 9 2     ←(67 − 48，2をおろします。)
      1 9 2     ←(48 × 4)
          0     ←(192 − 192)
```

672 ÷ 48 = 14 …… 答

わり算の筆算では，位をたてにそろえることが大切です。

答えのたしかめ

48 × 14 = 672

わり算では答えのたしかめをしましょう。

たしかめよう

1(2)
解答→p.182

① 546 ÷ 26　　② 666 ÷ 18
③ 608 ÷ 32

□ (3)　(453 − 37) ÷ 26

《(　　)のある式の計算》

(453 − 37) ÷ 26

(　　) の中を先に計算します。

= 416 ÷ 26

筆算(ひっさん)で計算しましょう。

```
       16
   ┌────
26 ) 416
     26      ←(26 × 1)
    ────
     156     ←(41 − 26, 6をおろします。)
     156     ←(26 × 6)
    ────
       0     ←(156 − 156)
```

= 16 …… 答

(　　) のある式の計算

(　　) がある式では，まず (　　) の中を先に計算しましょう。

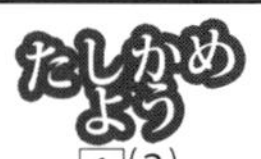

1(3) 解答→ p.182

① (777 + 28) ÷ 35　　② (676 − 52) ÷ 24

③ 817 ÷ (71 − 28)

□ (4)　12 + 48 ÷ 6

解き方

《計算の順序》

$12 + 48 \div 6$
$= 12 + 8$
$= \boxed{20}$ …… 答

＋より÷を先に計算します。

計算の順序

- 左から順に計算します。
- （　　）があるときは，（　　）の中を先に計算します。
- ＋，－，×，÷がまじっている式では，×，÷を先に計算します。
- （　　）の中に，＋，－，×，÷があるときも×，÷を先に計算します。

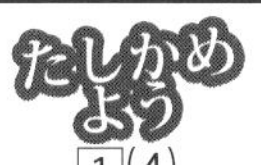

1(4)
解答→p.182

① $72 - 45 \div 9$　　② $12 + 24 \times 3$
③ $45 + 20 \div 5$

□（5） $2.65 + 3.47$

《（小数）＋（小数）の計算》

筆算で計算します。

$$\begin{array}{r} 2.65 \\ +\ 3.47 \\ \hline \boxed{6}.\boxed{1}\boxed{2} \end{array}$$

←位（くらい）をそろえて書きます。
←整数（せいすう）のときと同じように計算し，小数点を上と同じ位置にうちます。

$2.65 + 3.47 = \boxed{6.12}$ …… 答

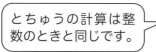

とちゅうの計算は整数のときと同じです。

小数のたし算の筆算

・位をそろえて書きます。

・とちゅうは整数のときと同じように計算します。

・答えの小数点は上と同じ位置にうちます。

□1(5)

解答→p.182

① 3.28 ＋ 4.65　　② 1.69 ＋ 5.24

③ 2.36 ＋ 5.19

□ (6) 8.26 − 3.68

《(小数)−(小数) の計算》

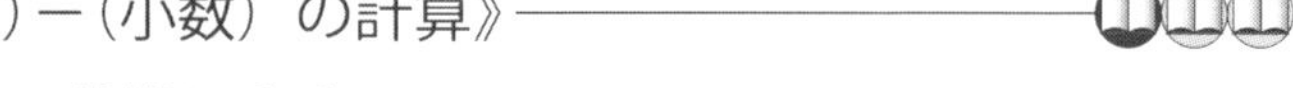

筆算(ひっさん)で計算します。

```
    8.2 6
 −  3.6 8   ←位(くらい)をそろえて書きます。
 ─────────
    4.5 8   ←整数(せいすう)のときと同じように計算し，小数点
              を上と同じ位置にうちます。
```

8.26 − 3.68 ＝ 4.58 …… 答

小数のひき算の筆算

・位をそろえて書きます。

・とちゅうは整数のときと同じように計算します。

・答えの小数点は上と同じ位置にうちます。

□1(6)

解答→p.182

① 7.14 − 2.58　　② 7.62 − 5.29

③ 8.63 − 5.91

□ (7)　4.6 × 2.6

《(小数)×(小数) の計算》

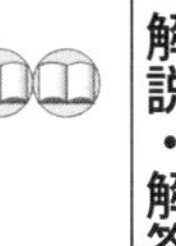

筆算で計算します。

```
      4.6  →小数部分1けた ─┐
   ×  2.6  →小数部分1けた ─┤
  ─────────                │
    2 7 6                  │
    9 2                    │
  ─────────                │
  1 1.9 6  ←小数部分2けた ←┘
```

4.6 × 2.6 = 11.96 …… 答

小数のかけ算の筆算のしかた

① 小数がないものとして，整数のかけ算と同じように計算します。

② 積(せき)の小数点は，積の小数部分のけた数が，かけられる数とかける数の小数部分のけた数の和になるようにうちます。

```
      0.4 3  →小数部分2けた ─┐
   ×    3.5  →小数部分1けた ─┤
  ───────────                │
      2 1 5                  │
    1 2 9                    │
  ───────────                │
    1.5 0 5  ←小数部分3けた ←┘
```

1(7)
解答→p.182

① 3.8 × 4.9　　② 2.8 × 3.7

③ 5.6 × 5.2

□ (8)　15.12 ÷ 4.2

《(小数)÷(小数) の計算》

筆算(ひっさん)で計算します。

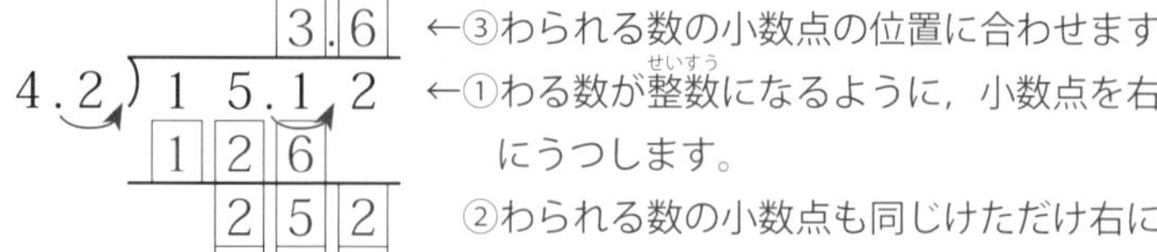

```
          3.6
4.2 ) 1 5.1 2
      1 2 6
        2 5 2
        2 5 2
            0
```

←③わられる数の小数点の位置に合わせます。

←①わる数が整数(せいすう)になるように，小数点を右にうつします。

②わられる数の小数点も同じけただけ右にうつします。

15.12 ÷ 4.2 ＝ 3.6 …… 答

①，②，③の順に計算します。

小数のわり算の筆算のしかた

① わる数が整数になるように小数点を右にうつします。

② わられる数の小数点も，①でうつした分だけ右にうつします。

③ 商(しょう)の小数点は，わられる数のうつした小数点の位置にそろえてうちます。

```
               ③
              2.4
3.26 ) 7.8 2.4
  ①    6 5 2 ②
       1 3 0 4
       1 3 0 4
             0
```

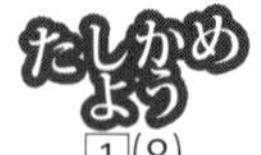

たしかめよう 1(8) 解答→p.182

① 10.64 ÷ 3.8　　② 22.04 ÷ 2.9

③ 15.98 ÷ 4.7

□ (9) $\frac{1}{3}+\frac{7}{9}$

《(分数)+(分数) の計算》 

$\frac{1}{3}+\frac{7}{9}$

$=\frac{1\times\boxed{3}}{3\times\boxed{3}}+\frac{7}{9}$

3と9の最小公倍数9を共通な分母にして通分します。

$=\frac{\boxed{3}}{9}+\frac{7}{9}$

$=\frac{\boxed{3}+\boxed{7}}{9}$

分子どうしをたします。

$=\boxed{1\frac{1}{9}}\ \left(\boxed{\frac{10}{9}}\right)$ …… 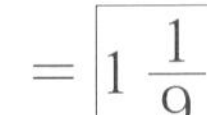 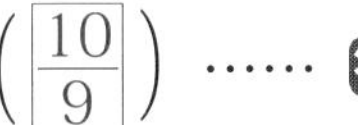

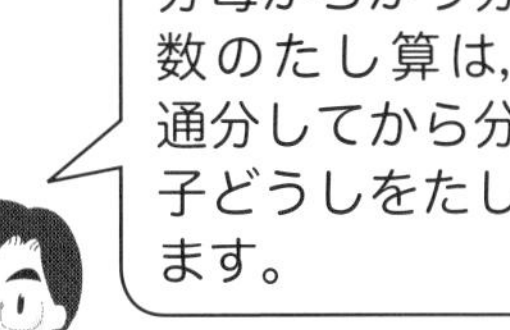

分数のたし算

分母のちがう分数のたし算は，通分して計算します。

 $\frac{1}{4}+\frac{2}{3}=\frac{3}{12}+\frac{8}{12}=\frac{11}{12}$

4と3の最小公倍数12を共通な分母にして通分します。

1(9)
解答→p.182

① $\frac{1}{6}+\frac{3}{8}$ ② $\frac{1}{4}+\frac{5}{12}$ ③ $\frac{5}{12}+\frac{1}{6}$

□ (10)　$2\frac{1}{4}-\frac{5}{6}$

《(分数)－(分数) の計算》

$$2\frac{1}{4}-\frac{5}{6}$$

$$=2\frac{1\times\boxed{3}}{4\times\boxed{3}}-\frac{5\times\boxed{2}}{6\times\boxed{2}}$$

4と6の最小公倍数12を共通な分母にして通分します。

$$=2\frac{\boxed{3}}{12}-\frac{\boxed{10}}{12}$$

$$=1\frac{\boxed{15}}{12}-\frac{\boxed{10}}{12}$$

分子がひけないときは，帯分数の中の1をつかって仮分数になおします。

$$=1\frac{\boxed{15}-\boxed{10}}{12}$$

$$=\boxed{1\frac{5}{12}}\quad\left(\boxed{\frac{17}{12}}\right)$$ …… 答

分数のひき算

分母のちがう分数のひき算は，通分して計算します。

例　$\frac{2}{3}-\frac{2}{5}=\frac{10}{15}-\frac{6}{15}=\frac{4}{15}$

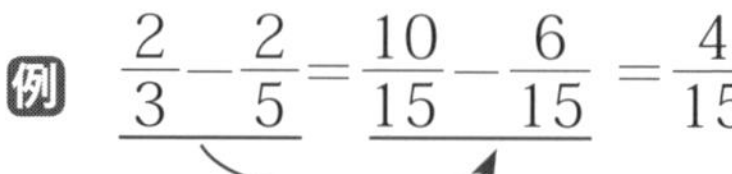

3と5の最小公倍数15を共通な分母にして通分します。

1 (10)

解答→p.182

① $1\frac{1}{4}-\frac{1}{2}$　② $3\frac{1}{6}-\frac{2}{3}$　③ $2\frac{1}{6}-\frac{3}{4}$

□ (11) $\frac{7}{24}\times 6$

解き方

《(分数)×(整数) の計算》 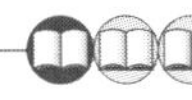

$\frac{7}{24}\times 6$

整数(せいすう)を分子にかけて，約分(やくぶん)します。

$=\frac{7\times \overset{\boxed{1}}{\cancel{6}}}{\underset{\boxed{4}}{\cancel{24}}}$

計算のとちゅうで約分できるときは約分します。

$=\frac{\boxed{7}}{\boxed{4}}$

$=\boxed{1\frac{3}{4}}\ \left(\frac{\boxed{7}}{\boxed{4}}\right)$ …… 答

分数×整数の計算

分数に整数をかける計算では，分母はそのままにして，分子に整数をかけます。

$$\frac{☆}{△}\times◎=\frac{☆\times◎}{△}$$

1 (11)

解答→p.182

① $\frac{5}{12}\times 3$　② $\frac{7}{18}\times 6$　③ $\frac{9}{20}\times 4$

□ (12) $\frac{8}{15}\div 6$

《（分数）÷（整数）の計算》

$\frac{8}{15} \div 6$

整数を分母にかけ，約分します。

$= \frac{\overset{4}{\cancel{8}}}{15 \times \underset{3}{\cancel{6}}}$

$= \boxed{\frac{4}{45}}$ …… 答

とちゅうで約分すると，計算がかんたんになります。

分数÷整数の計算

分数を整数でわる計算では，分子はそのままにして，分母に整数をかけます。

$\frac{☆}{△} \div ◎ = \frac{☆}{△ \times ◎}$

1 (12)
解答→ p.182

① $\frac{9}{10} \div 12$　② $\frac{6}{7} \div 10$　③ $\frac{8}{21} \div 6$

2 次の□にあてはまる数を求めましょう。

□ (13) **0.1 を 7 個と 0.01 を 6 個合わせた数は□です。**

《（小数）の計算》

0.1 を 7 個で，$0.1 \times 7 = \boxed{0.7}$

0.01 を 6 個で，$0.01 \times 6 = \boxed{0.06}$

合わせると

$\boxed{0.7} + \boxed{0.06} = \boxed{0.76}$ …… 答

	0	.	7		←位をそろえて書きます。
+	0	.	0	6	
	0	.	7	6	←答の小数点は上と同じ位置にうちます。

□（14） 548327の千の位を四捨五入して，一万の位までの概数にすると□になります。

《（概数）の表し方》 

548327…千の位は8より，四捨五入すると切り上げになります。

5	4	8	3	2	7
十万の位	一万の位	千の位	百の位	十の位	一の位

548327 → 550000 …… 答

ある位までの概数で表すには，そのすぐ下の位の数を四捨五入します。

四捨五入

0，1，2，3，4→切り捨て
5，6，7，8，9→切り上げ

□（15） $6m^3 =$ □ cm^3

《体積の単位》 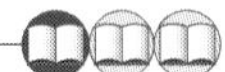

$1m^3 = 1000000\,cm^3$ ですから，

$6m^3 = 6 \times 1000000\,cm^3$

$= 6000000\,cm^3$

$6000000\,cm^3$ …… 答

1 辺が 100cm の立方体の体積が $1m^3$ ですね。

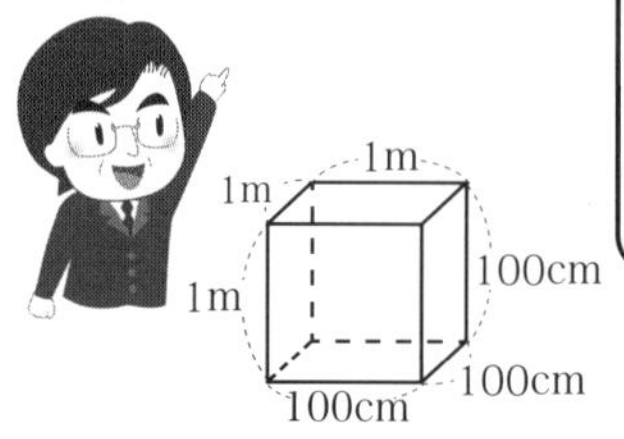

ワンポイント・アドバイス

下のような表をつくって考えるとべんりです。

	m^3						cm^3
	6	0	0	0	0	0	0

$1m^3 = 100cm \times 100cm \times 100cm$

$= 1000000cm^3$

体積の単位

$1m^3 = 1000000cm^3$, $1L = 1000cm^3$,

$1dL = 100cm^3$, $1L = 10dL$, $1kL = 1000L = 1m^3$

2

解答→p.182

次の□にあてはまる数を求めましょう。

① 0.1 を 4 個と 0.01 を 8 個合わせた数は□です。

② 284739 の百の位を四捨五入して、千の位までの概数にすると□になります。

③ $4m^3 =$ □ cm^3

3 南小学校の花だんの面積は $9m^2$ です。次の問題に単位をつけて答えましょう。

□（16） 東小学校の花だんの面積は，南小学校の花だんの面積の 0.8 倍のとき，東小学校の花だんの面積は何 m^2 ですか。

《倍とかけ算》

東小学校の花だんの面積を□ m² とします。

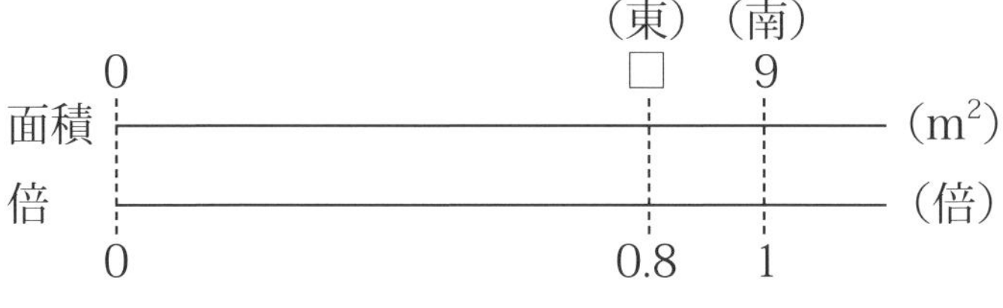

$9 \times \boxed{0.8} = \boxed{7.2}$

$\square = \boxed{7.2}$

ポイント

（もとにする量）×（何倍かを表す数）＝（比べられる量）

答 $\boxed{7.2}$ m²

□（17） 南小学校の花だんの面積は，西小学校の花だんの面積の 1.2 倍のとき，西小学校の花だんの面積は何 m² ですか。

《倍とわり算》

西小学校の花だんの面積を△ m² とします。

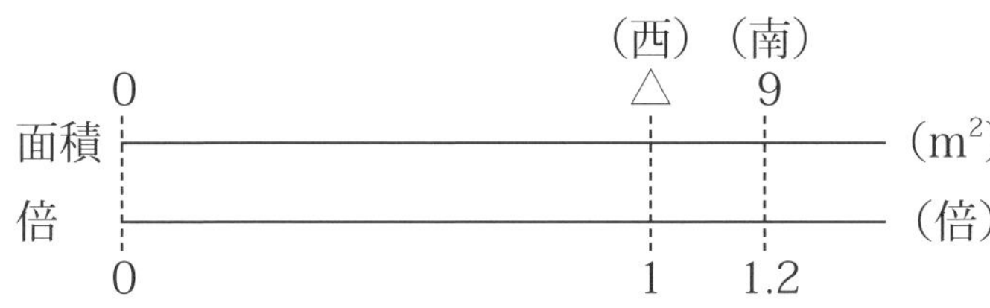

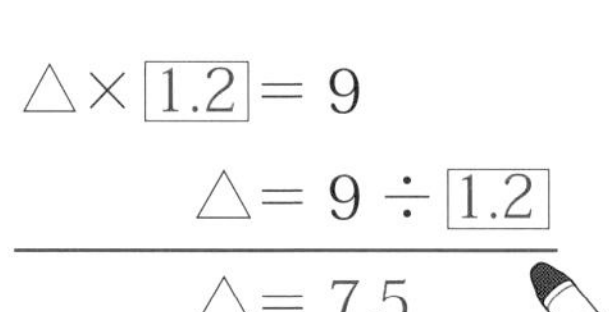

まずはかけ算の式に表しましょう。

ポイント

（もとにする量）×（何倍かを表す数）＝（比べられる量）
（比べられる量）÷（何倍かを表す数）＝（もとにする量）

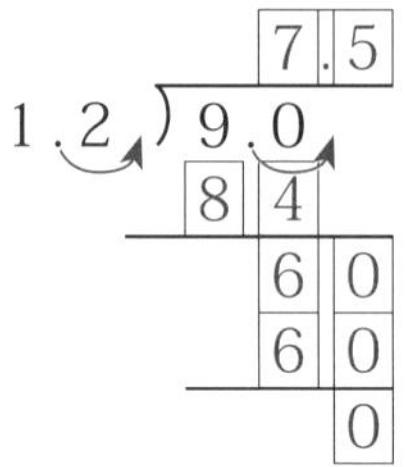

答 7.5 m^2

3
解答→p.182

あきらくんは90個（こ）のコインを持っているとき、次（つぎ）の問題（もんだい）に答えましょう。

① さとるくんが持っているコインの数は、あきらくんが持っているコインの数の0.7倍（ばい）のとき、さとるくんの持っているコインの数は何個ですか。

② あきらくんが持っているコインの数は、たくやくんが持っているコインの数の0.6倍のとき、たくやくんの持っているコインの数は何個ですか。

4 図のようにマッチぼうで正方形をつなげた形をつくります。下の表(ひょう)は，正方形の数とマッチぼうの数の関係(かんけい)を表(あらわ)したものです。

これについて，次(つぎ)の問題(もんだい)に答えましょう。

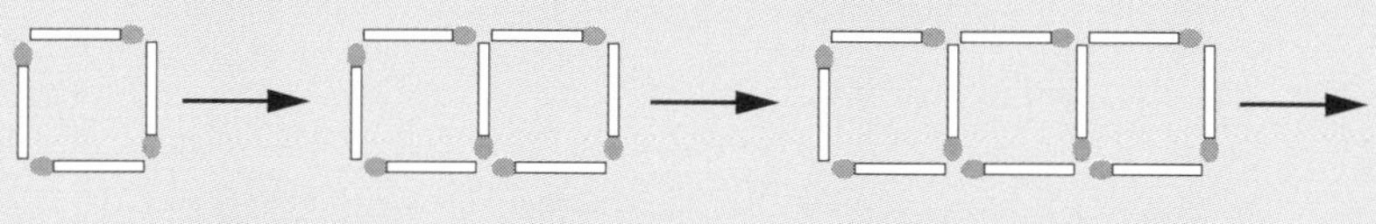

正方形の数（個）	1	2	3	4	
マッチぼうの数（本）	4	7	10	13	

□（18） 正方形の数を□個(こ)，マッチぼうの数を○本として，□と○の関係を式(しき)で表しましょう。 （表現技能）

解き方 《表や式をつかって表す》

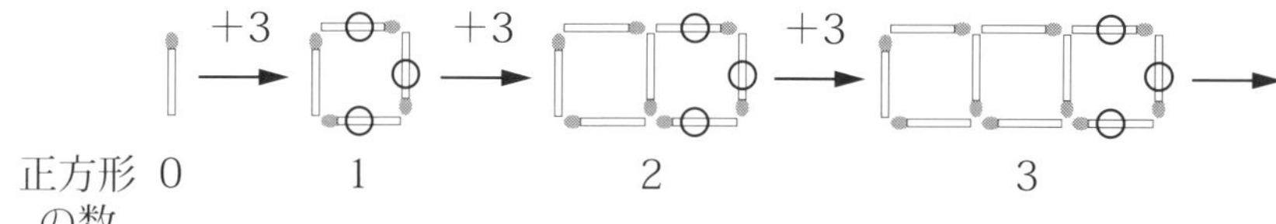

正方形が１つ増(ふ)えると，マッチぼうは４本ではなく，３本ずつ増えていきます。

正方形の数が１つ増えると，マッチぼうは３本ずつ増えていきます。

1＋3×□＝○

答 1＋3×□＝○

+3　+3

正方形の数　1　2　3

正方形の数が１つ増えると，マッチぼうは３本ずつ増(ふ)えていきます。

[4]＋[3]×（□－[1]）＝○

答 [4＋3×（□－1）＝○]

□（19）　正方形の数が８個のときのマッチぼうの数は何本ですか。

《表や式をつかって表す》

（18）で求(もと)めた式に□＝８をあてはめます。

[1]＋[3]×８＝[25]＝○

答 [25]本

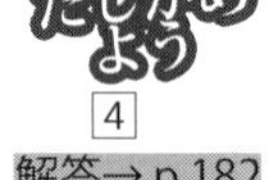

[4]

解答→p.182

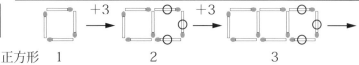

図のようにマッチぼうで三角形をつなげた形をつくります。下の表(ひょう)は、三角形の数とマッチぼうの数の関係(かんけい)を表(あらわ)したものです。これについて、次(つぎ)の問題(もんだい)に答えましょう。

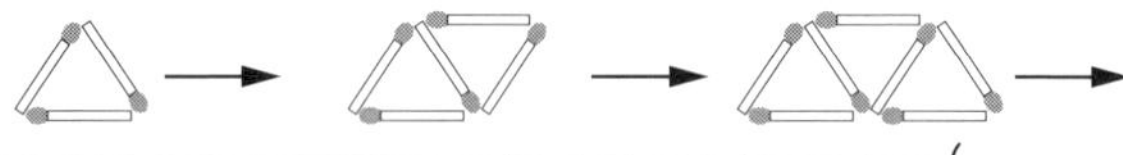

三角形の数（個）	1	2	3	
マッチぼうの数（本）	3	5	7	

①　三角形の数を□個(こ)、マッチぼうの数を○本として、□と○の関係を式(しき)に表しましょう。

②　三角形の数が10個のときのマッチぼうの数は何本ですか。

5 下の図の㋐と㋑の２つの図形は合同です。次の問題に答えましょう。

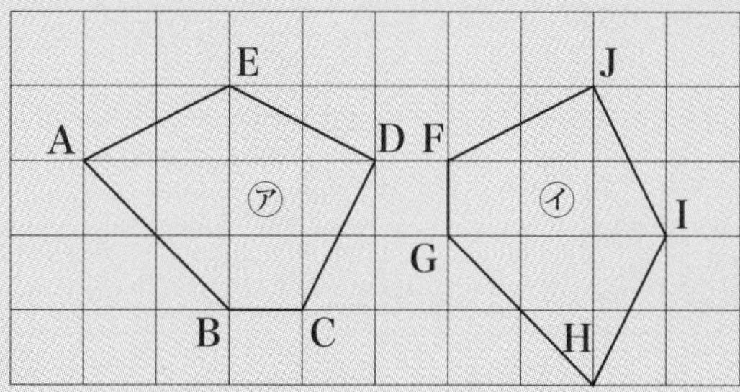

□（20） 点Dに対応する頂点はどれですか。

《合同な図形》 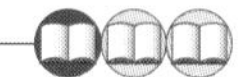

5角形㋐をまずうら返します。

次に時計まわりに回します。

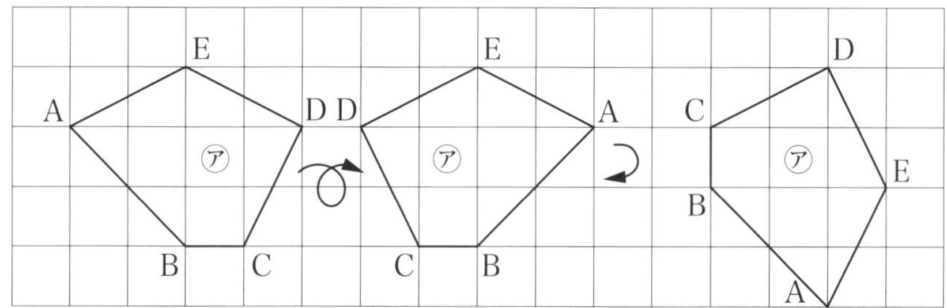

うら返してぴったり重なるものも合同です。

㋐と㋑の図形が重なりましたので，対応する点や辺を調べます。

点Dに対応する頂点は点[J]です。

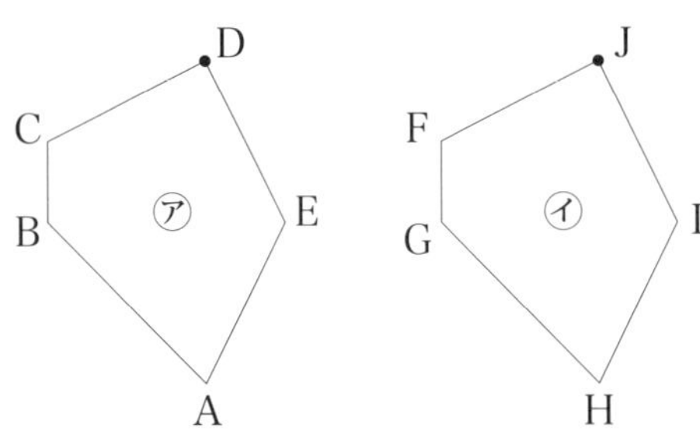

答　点 J

□（21）辺（へん）ABに対応する辺はどれですか。

《合同な図形》

辺ABに対応する辺は辺 HG です。

ポイント

合同な図形では，重なる頂点を対応する頂点，重なる辺を対応する辺といいます。

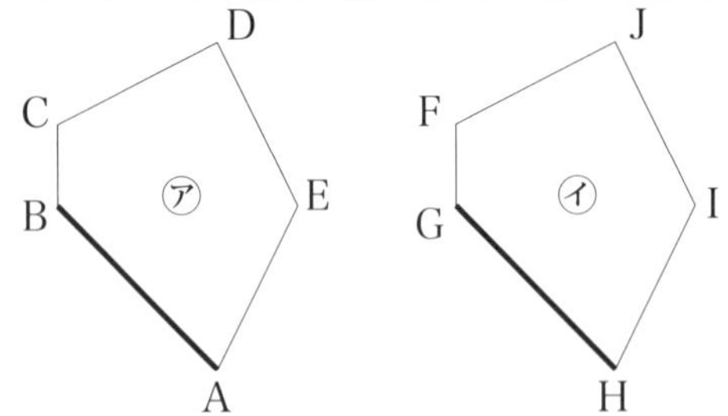

答　辺 HG

5

解答→p.182

図の㋐㋑の２つの図形は合同（ごうどう）です。次（つぎ）の問題（もんだい）に答えましょう。

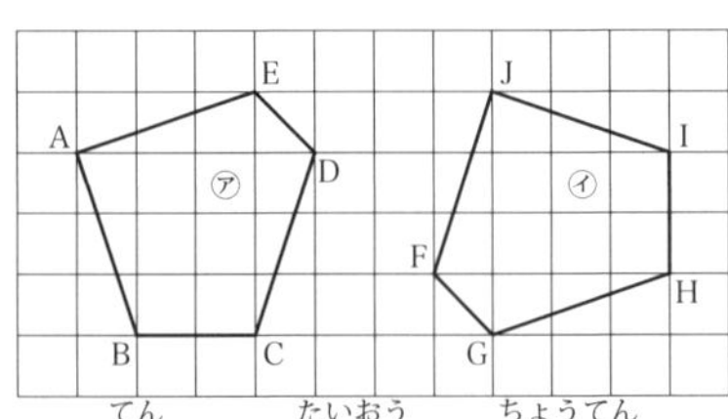

① 点（てん）Dに対応（たいおう）する頂点（ちょうてん）はどれですか。

② 辺（へん）ABに対応する辺はどれですか。

6 ガソリン 12 L で 216 km 走る自動車㋐と，ガソリン 18 L で 270 km 走る自動車㋑があります。このとき，次の問題に答えましょう。

□(22)　ガソリン 1 L あたり自動車㋐は自動車㋑より何 km 多く走りますか。

《単位量》

(22)

自動車㋐：走る道のり　0 □ … 216 (km)

ガソリンの量　0 1 … 12 (L)

1 L あたり自動車㋐は□ km 走るとします。

□× 12 = 216

□= 216 ÷ 12

□= 18 (km)

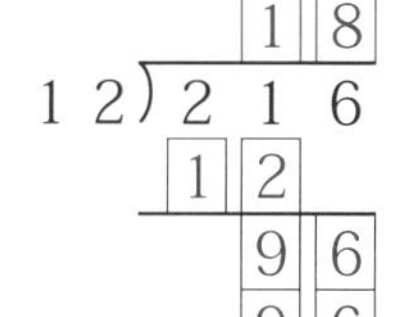

```
     1 8
1 2)2 1 6
    1 2
      9 6
      9 6
        0
```

自動車㋑：走る道のり　0 △ … 270 (km)

ガソリンの量　0 1 … 18 (L)

1 L あたり自動車㋑は△ km 走るとします。

△× 18 = 270

△= 270 ÷ 18

△= 15 (km)

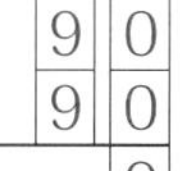

```
     1 5
1 8)2 7 0
    1 8
      9 0
      9 0
        0
```

問題◀◁p.20

1 Lあたり自動車㋐は 18 km，自動車㋑は 15 km 走るのですから，

18 − 15 ＝ 3 (km)だけ自動車㋐のほうが多く走ります。

答 3 km

□ **(23)　1080km 走るには，自動車㋑は自動車㋐より何 L 多くのガソリンが必要（ひつよう）になりますか。**

《単位量》

(23)

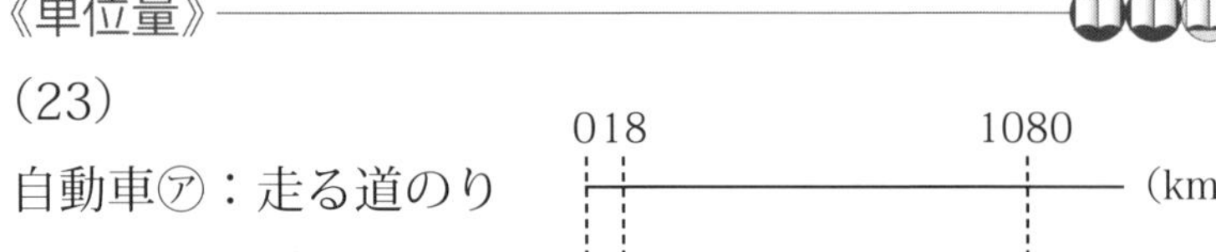

1080 km 走るのに自動車㋐は○ L のガソリンが必要とします。

18 ×○＝ 1080

○＝ 1080 ÷ 18

○＝ 60 (L)

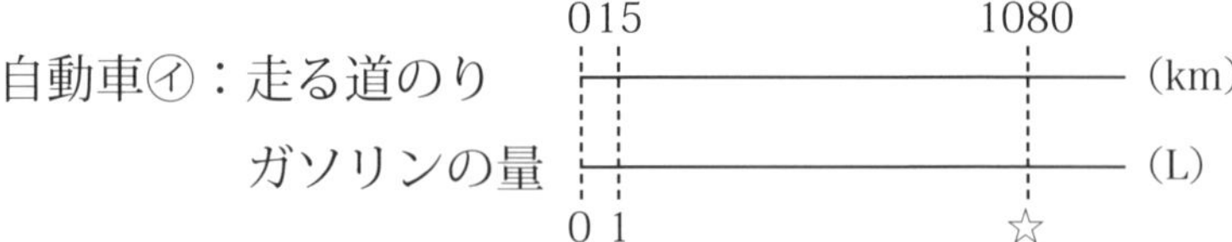

1080 km 走るのに自動車㋑は☆ L のガソリンが必要とします。

15 ×☆＝ 1080

☆＝ 1080 ÷ 15

☆＝ 72 (L)

1080 km 走るには，自動車㋐は 60 L，自動車㋑は 72 L のガソリンが必要ですから，72 − 60 = 12 (L) だけ自動車㋑の方が多くガソリンが必要になります。

答 12 L

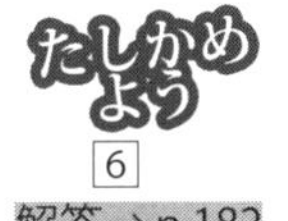

6
解答→p.182

ガソリン 14L で 224km 走る自動車(じどうしゃ)㋐と、ガソリン 21L で 294km 走る自動車㋑があります。このとき、次(つぎ)の問題(もんだい)に答えましょう。

① ガソリン 1L あたり自動車㋐は自動車㋑より何 km 多く走りますか。

② 1344km 走るには、自動車㋑は自動車㋐より何 L 多くのガソリンが必要(ひつよう)になりますか。

7 **下の 2 つの円グラフは，ある市の人口(じんこう)の変化(へんか)について調(しら)べた結果(けっか)を表(あらわ)したものです。これについて，次(つぎ)の問題(もんだい)に答えましょう。** **（統計技能）**

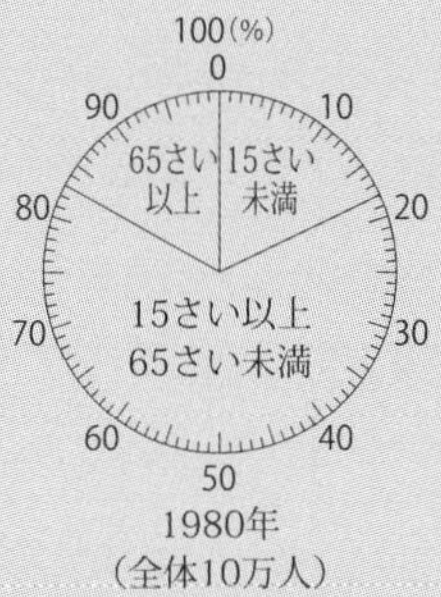

1980年
（全体10万人）

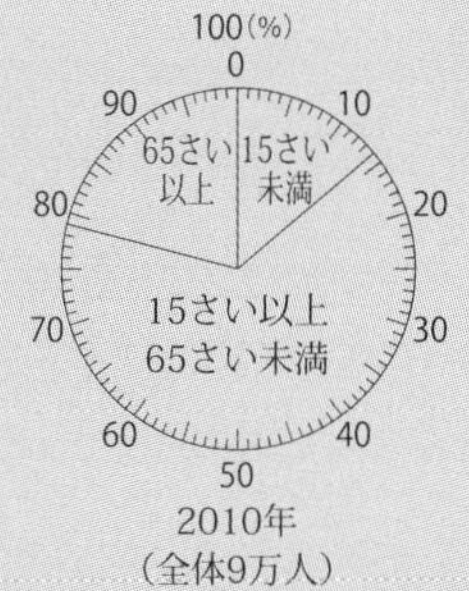

2010年
（全体9万人）

□ **(24)　1980 年のとき，15 さい以上 65 さい未満(みまん)の人口の割合(わりあい)は全体(ぜんたい)の何%ですか。**

《円グラフ》

1980 年のグラフの中の 15 さい以上 65 さい未満の目

もりをよむと，65%とわかります。

答 65%

□（25） **2010年のとき，65さい以上の人口は，15さい未満の人口の何倍（なんばい）ですか。小数で求（もと）めましょう。**

解き方

《円グラフ》

2010年のときのグラフの目もりをよむと，

65さい以上……21%

15さい未満……14%　　とわかります。

65さい以上人口は，15さい未満の人口の○倍とすると，

まずはかけ算の式で表しましょう。

14×○＝21

○＝21÷14

○＝1.5（倍）

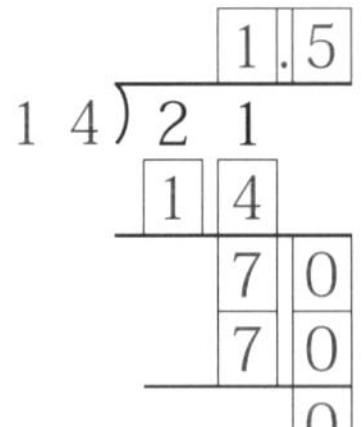

答 1.5倍

□（26） **1980年から2010年にかけて，65さい以上の人口は何人増（ふ）えましたか。**

解き方

《円グラフ》

1980年のときのグラフの目もりをよむと，65さい以上の人口は全体の17%とわかります。1980年のときの全体は10万人なので，もとにする量は10万人です。

割合は17%→0.17

求める65さい以上の人口はくらべる量ですから，

くらべる量＝もとにする量×割合より

100000 × 0.17 ＝ 17000（人）となります。

2010年のときのグラフの目もりをよむと，65さい以上の人口は全体の21%とわかります。2010年のときの全体は9万人なので，もとにする量は9万人です。

割合は21%→0.21

求める65さい以上の人口はくらべる量ですから，

くらべる量＝もとにする量×割合より

90000 × 0.21 ＝ 18900（人）となります。

ポイント
くらべる量＝もとにする量 × 割合

したがって18900 − 17000 ＝ 1900（人）増えたことがわかります。

答　1900人

たしかめよう 7
解答→p.182

図の円グラフは、ある市の人口について調べた結果を表したものです。これについて、次の問題に答えましょう。

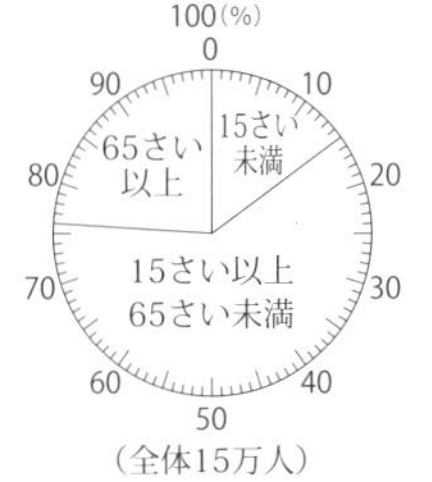

① 15さい以上65さい未満の人口の割合は全体の何%ですか。

② 65さい以上の人口は、15さい未満の人口の何倍ですか。小数で求めましょう。

③ 65さい以上の人口は何人ですか。

8 下の図形のまわりの長さは，それぞれ何 cm ですか。(28) は，計算の途中の式と答えを書きましょう。円周率は 3.14 とします。 (測定技能)

□ (27) 円を 4 等分したもの

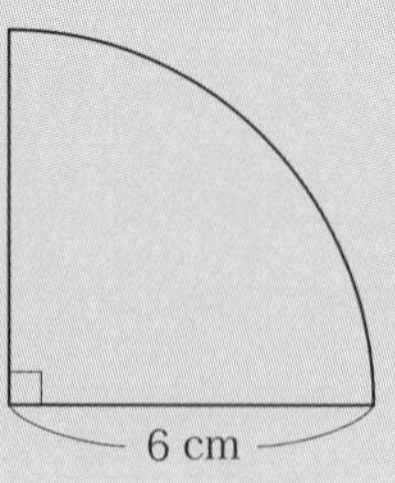

《円周の長さ》 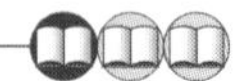

図のまわりの長さは，半径 6 cm の円周の $\frac{1}{4}$ と半径 6 cm の 2 つ分の和になります。

半径 6 cm の円周の $\frac{1}{4}$ …(6 × 2) × 3.14 ÷ 4 = 9.42 (cm)

半径 6 cm の 2 つ分…6 × 2 = 12 (cm)

したがってまわりの長さは，9.42 + 12 = 21.42 (cm) となります。

答 21.42 cm

半径 2 つ分をわすれないようにしましょう。

□ (28) 半円を組み合わせた図形

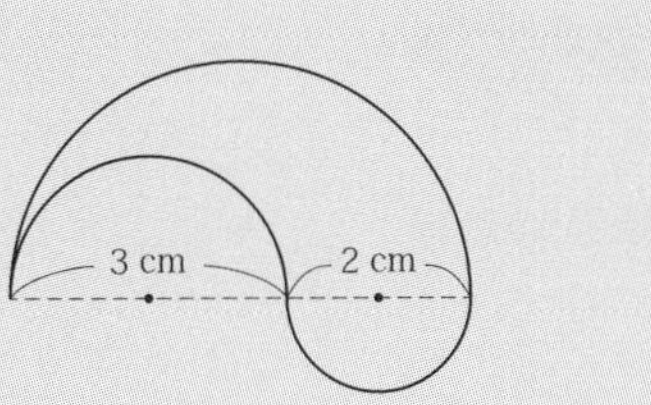

《円周の長さ》

図のまわりの長さは，大，中，小の3つの円の円周の$\frac{1}{2}$の和になります。

大円（直径[5]cm）の円周の$\frac{1}{2}$

…[5]× 3.14 ÷ 2 ＝[7.85]（cm）

ポイント

円周＝直径×円周率（3.14）

大円の直径は，中，小2つの円の直径の和になっています。

中円（直径3 cm）の円周の$\frac{1}{2}$

…[3]× 3.14 ÷ 2 ＝[4.71]（cm）

小円（直径2 cm）の円周の$\frac{1}{2}$

…[2]× 3.14 ÷ 2 ＝[3.14]（cm）

したがってまわりの長さは，

[7.85]＋[4.71]＋[3.14]＝[15.7]（cm）となります。

 [15.7] cm

たしかめよう
8
解答→p.183

次の図形のまわりの長さは、それぞれ何 cm ですか。円周率は 3.14 とします。

①円を 2 等分したもの　　②半円を組み合わせた図形

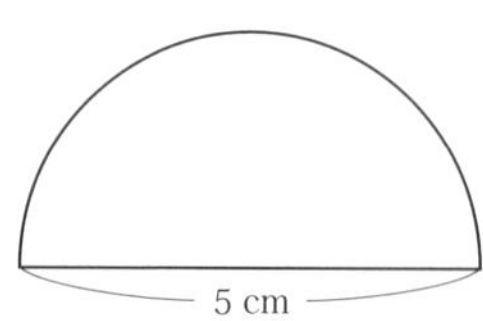

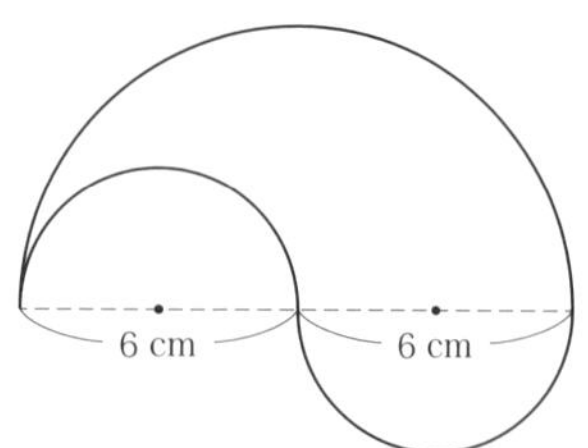

9　下の式は，あるきまりにしたがってならんでいます。これについて，次の問題に答えましょう。（整理技能）

1 番め	$1 = 1 \times 1$
2 番め	$1 + 3 = 2 \times 2$
3 番め	$1 + 3 + 5 = 3 \times 3$
4 番め	$1 + 3 + 5 + 7 = 4 \times 4$
⋮	⋮
7 番め	□

□（29）7 番めの□に入る式を書きましょう。

《計算のきまり》

＝の左と右で計算のきまりをみつけます。

＝の左側

1 番め　1

2 番め　1 + 3（2 個）

＝の右側

1 番め　1 × 1

2 番め　2 × 2

3番め　$\underbrace{1+3+5}_{3個}$

4番め　$\underbrace{1+3+5+7}_{4個}$

より

7番めは奇数(きすう)を1から始めて[7]個たすことになります。

7番め　1＋3＋5＋7＋[9]＋[11]＋[13]

3番め　3×3

4番め　4×4

より

7番めは番号の数字の[7]を2回かけることになります。

7番め　[7]×[7]

＝の左と右に分けて，それぞれのきまりをみつけましょう。

したがって[　　]に入る式は

1＋3＋5＋7＋[9]＋[11]＋[13]＝[7]×[7]となります。

答　[1＋3＋5＋7＋9＋11＋13＝7×7]

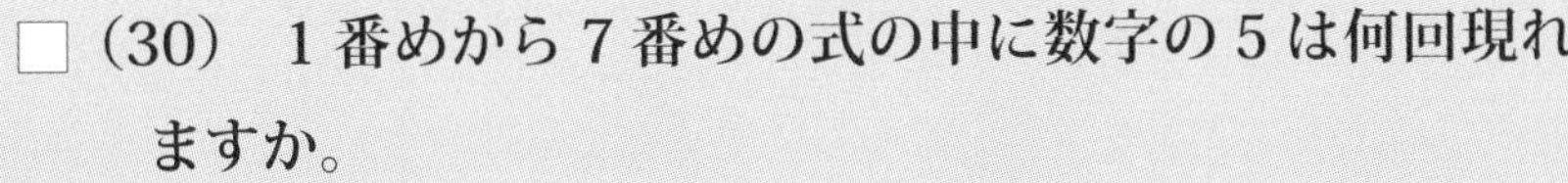

□（30）　**1番めから7番めの式の中に数字の5は何回現れますか。**

《計算のきまり》

1番め　1＝1×1

2番め　1＋3＝2×2

3番め　1＋3＋⑤＝3×3

4番め　1＋3＋⑤＋7＝4×4

5番め　1＋3＋⑤＋7＋[9]＝[5]×[5]

6番め　　　　1＋3＋⑤＋7＋[9]＋[11]＝[6]×[6]

7番め　　1＋3＋⑤＋7＋[9]＋[11]＋[13]＝[7]×[7]

数字の5は[7]回現れます。

答　[7]回

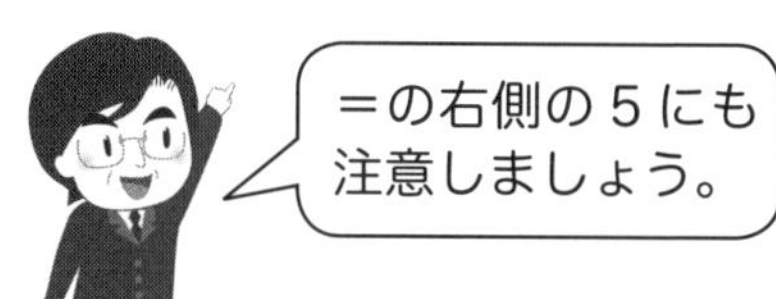
＝の右側の５にも
注意しましょう。

たしかめよう

[9]

解答→p.183

下の式は、あるきまりにしたがってならんでいます。これについて、次の問題に答えましょう。

1番め　　　　　　2＝1×2

2番め　　　　　2＋4＝2×3

3番め　　　　2＋4＋6＝3×4

4番め　　　2＋4＋6＋8＝4×5

⋮

6番め　[　　　　　　　　　　]

①　6番めの[　　]に入る式を書きましょう。

②　1番めから6番めの式の中に数字の4は何回現れますか。

第２回　解説・解答

1　次の計算をしましょう。　(計算技能)

□ (1)　72 ÷ 3

《2けた÷1けたの計算》

筆算で計算します。

```
  2 4   ←まず商が十の位からたつのか
3)7 2     一の位からたつのかを考えます。
  6     ←(3 × 2)
  1 2   ←(7 − 6, 2をおろします。)
  1 2   ←(3 × 4)
    0   ←(12 − 12)
```

72 ÷ 3 = 24 …… 答

3 × 24 = 72

わり算の筆算のしかた

① 位をたてにそろえて，位の高いほうから
(答の数をたてる) → (かける) → (ひく) → (おろす)
をくりかえしていきましょう。

② わり算のたしかめの式：
わる数×商＝わられる数
をつかって答えのたしかめをしましょう。

問題 p.24

1(1)
解答→p.183

① 84 ÷ 7　　② 90 ÷ 6
③ 92 ÷ 4

□（2） 910 ÷ 35

《3 けた÷ 2 けたの計算》
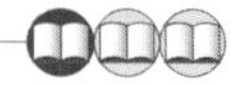

筆算（ひっさん）で計算します。

```
        2 6     ←まず商（しょう）が十の位（くらい）からたつのか
 35 ) 9 1 0       一の位からたつのかを考えます
      7 0       ←(35 × 2)
      -----
      2 1 0     ←(91－ 70，0をおろします。)
      2 1 0     ←(35 × 6)
      -----
          0     ←(210 － 210)
```

910 ÷ 35 ＝ 26 …… 答

わり算の筆算では，位をたてにそろえることが大切です。

35 × 26 ＝ 910

わり算では答えのたしかめをしましょう。

1(2)
解答→p.183

① 884 ÷ 34　　② 475 ÷ 19
③ 896 ÷ 28

□ (3)　792 ÷ (64 − 28)

解き方

《(　　)のある式の計算》

792 ÷ (64 − 28)　(　　)の中を先に計算します。

= 792 ÷ 36　筆算で計算しましょう。

```
        2 2
    ┌──────
  36) 7 9 2
      7 2      ←(36 × 2)
      ─────
        7 2    ←(79− 72，2をおろします。)
        7 2    ←(36 × 2)
      ─────
          0    ←(72 − 72)
```

= 22 …… 答

計算の順序
(　　) → ×，÷ →
+，− に注意しましょう。

答えのたしかめ

36 × 22 = 792

まとめ

(　　)のある式の計算

(　　)がある式では，まず(　　)の中を先に計算しましょう。

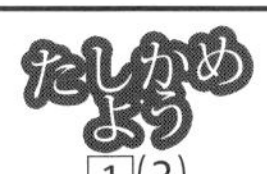
たしかめよう

1(3)

解答→ p.183

① (525 + 39) ÷ 47　　② 54 × (25 − 16)

③ 850 ÷ (18 + 16)

□ (4)　112 + 18 × 4

《計算の順序》

$112 + 18 \times 4$

$= 112 + \boxed{72}$　＋より×を先に計算します。

$= \boxed{184}$ …… 答

計算の順序

・左から順に計算します。

・（　　）があるときは，（　　）の中を先に計算します。

・＋，－，×，÷がまじっている式では，×，÷を先に計算します。

・（　　）の中に，＋，－，×，÷があるときも×，÷を先に計算します。

1(4)

解答→p.183

① $24 + 16 \div 8$　② $19 + 10 \times 2$

③ $35 + 35 \div 7$

□（5）　**6.57 ＋ 7.8**

《（小数）＋（小数）の計算》

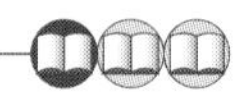

筆算（ひっさん）で計算します。

```
     6.5 7
 +   7.8      ←位（くらい）をそろえて書きます。
 ---------
   1 4.3 7    ←整数（せいすう）のときと同じように計算し，小数点を上と同じ位置にうちます。
```

$6.57 + 7.8 = \boxed{14.37}$ …… 答

とちゅうの計算は整数のときと同じです。

小数のたし算の筆算

・位をそろえて書きます。

・とちゅうは整数のときと同じように計算します。

・答えの小数点は上と同じ位置にうちます。

1(5)
解答→p.183

① 1.56 ＋ 2.78　　② 4.09 ＋ 2.72

③ 3.48 ＋ 2.66

□（6） 4.07 − 3.59

《(小数)−(小数) の計算》

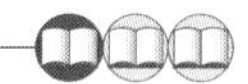

筆算で計算します。

```
    4.0 7
−   3.5 9   ←位をそろえて書きます。
─────────
   [0].[4][8]  ←整数のときと同じように計算し，小数点
               を上と同じ位置にうちます。
```

4.07 − 3.59 ＝ [0.48] …… 答

小数のひき算の筆算

・位をそろえて書きます。

・とちゅうは整数のときと同じように計算します。

・答えの小数点は上と同じ位置にうちます。

1(6)
解答→p.183

① 5.82 − 3.46　　② 7.47 − 3.19

③ 8.48 − 5.84

□（7） 0.8 × 4.6

《(小数)×(小数) の計算》

筆算（ひっさん）で計算します。

```
     0.8   →小数部分 1 けた ─┐
  ×  4.6   →小数部分 1 けた ─┤
  ───────                    │
      4 8                    │
    3 2                      │
  ───────                    │
    3.6 8  ←小数部分 2 けた ←┘
```

0.8 × 4.6 = 3.68 …… 答

小数のかけ算の筆算のしかた

① 小数がないものとして，整数（せいすう）のかけ算と同じように計算します。

② 積（せき）の小数点は，積の小数部分のけた数が，かけられる数とかける数の小数部分のけた数の和（わ）になるようにうちます。

```
       0 . 4 3   →小数部分 2 けた ─┐
  ×        3 . 5 →小数部分 1 けた ─┤
  ─────────────                    │
         2 1 5                     │
       1 2 9                       │
  ─────────────                    │
       1 . 5 0 5 ←小数部分 3 けた ←┘
```

解答→p.183

① 2.7 × 7.4　　② 5.8 × 4.6

③ 4.9 × 3.5

□ (8)　1.444 ÷ 0.38

解き方

《(小数)÷(小数) の計算》

筆算で計算します。

```
           3.8        ←③わられる数の小数点の位置に合わせます。
0.38 ) 1.444          ←①わる数が整数になるように，小数点を右
       1 1 4             にうつします。
       ─────          ②わられる数の小数点も同じけただけ右に
         3 0 4           うつします。
         3 0 4
         ─────
             0
```

1.444 ÷ 0.38 = 3.8 …… 答

①，②，③
の順に計算
します。

小数のわり算の筆算のしかた

①　わる数が整数になるように小数点を右にうつします。

②　わられる数の小数点も，①でうつした分だけ右にうつします。

③　商(しょう)の小数点は，わられる数のうつした小数点の位置にそろえてうちます。

```
              ③
             2.4
3.26 ) 7.824
 ①       6 5 2 ②
         ───────
         1 3 0 4
         1 3 0 4
         ───────
               0
```

1(8)

解答→p.183

①　12.47 ÷ 4.3　　②　25.16 ÷ 3.7

③　33.32 ÷ 6.8

□ (9)　$\frac{5}{24}+\frac{1}{3}$

《(分数)＋(分数)　の計算》

$\frac{5}{24}+\frac{1}{3}$

$=\frac{5}{24}+\frac{1\times\boxed{8}}{3\times\boxed{8}}$

24 と 3 の最小公倍数 24 を共通な分母にして通分します。

$=\frac{\boxed{5}}{24}+\frac{\boxed{8}}{24}$

$=\boxed{\frac{13}{24}}$ …… 答

分子どうしをたします。

分母がちがう分数のたし算は，通分してから分子どうしをたします。

分数のたし算

分母のちがう分数のたし算は，通分して計算します。

例　$\frac{1}{4}+\frac{2}{3}=\frac{3}{12}+\frac{8}{12}=\frac{11}{12}$

4 と 3 の最小公倍数 12 を共通な分母にして通分します。

1(9)

解答→p.183

① $\frac{1}{6}+\frac{1}{4}$　② $\frac{1}{9}+\frac{2}{3}$　③ $\frac{3}{4}+\frac{3}{8}$

□ (10) $1\frac{1}{15}-\frac{9}{10}$

《(分数)－(分数) の計算》

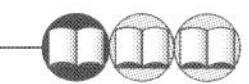

$$1\frac{1}{15}-\frac{9}{10}$$

15 と 10 の最小公倍数 30 を共通な分母にして通分します。

$$=1\frac{1\times\boxed{2}}{15\times\boxed{2}}-\frac{9\times\boxed{3}}{10\times\boxed{3}}$$

$$=1\frac{\boxed{2}}{30}-\frac{\boxed{27}}{30}$$

分子がひけないときは，帯分数(たいぶんすう)の中の1をつかって仮分数(かぶんすう)になおします。

$$=\frac{\boxed{32}}{30}-\frac{\boxed{27}}{30}$$

分子どうしをひきます。

$$=\frac{\boxed{5}}{30}$$

約分(やくぶん)します。

$$=\boxed{\frac{1}{6}}$$ …… 答

分数のひき算

分母のちがう分数のひき算は，通分して計算します。

例 $\frac{2}{3}-\frac{2}{5}=\frac{10}{15}-\frac{6}{15}=\frac{4}{15}$

3 と 5 の最小公倍数 15 を共通な分母にして通分します。

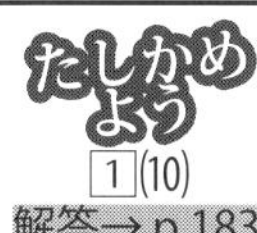

解答→p.183

① $1\frac{1}{6}-\frac{1}{3}$　② $2\frac{1}{8}-\frac{1}{2}$　③ $3\frac{1}{2}-\frac{3}{4}$

□ (11) $\frac{7}{36}\times 28$

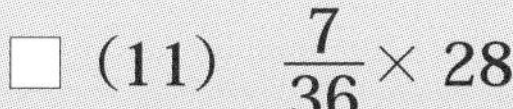

解き方

《（分数）×（整数）の計算》 

$\frac{7}{36}\times 28$

整数を分子にかけて，約分します。

$=\frac{7\times \overset{\boxed{7}}{\cancel{28}}}{\underset{\boxed{9}}{\cancel{36}}}$

計算のとちゅうで約分できるときは約分します。

$=\frac{\boxed{49}}{\boxed{9}}$

$=\boxed{5\frac{4}{9}}\ \left(\boxed{\frac{49}{9}}\right)$ …… 答

まとめ

分数×整数の計算

分数に整数をかける計算では，分母はそのままにして，分子に整数をかけます。

$$\frac{☆}{△}\times◎=\frac{☆\times◎}{△}$$

たしかめよう

1(11)

解答→p.183

① $\frac{5}{6}\times 8$　② $\frac{3}{16}\times 24$　③ $\frac{7}{16}\times 4$

□ **(12)　$1\frac{3}{5}\div 16$**

解き方

《（分数）÷（整数）の計算》 

$1\frac{3}{5}\div 16$

帯分数を仮分数になおします。

$=\frac{8}{5}\div 16$

整数を分母にかけ，約分します。

$=\frac{\overset{\boxed{1}}{\cancel{8}}}{5\times\underset{\boxed{2}}{\cancel{16}}}$

$=\boxed{\frac{1}{10}}$ …… 答

とちゅうで約分すると，計算がかんたんになります。

分数÷整数の計算

分数を整数でわる計算では，分子はそのままにして，分母に整数をかけます。

$$\frac{☆}{△}\div◎=\frac{☆}{△\times◎}$$

[1](12)

解答→p.183

① 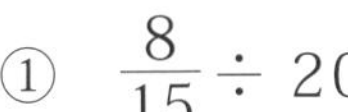 $\frac{8}{15}\div 20$　② 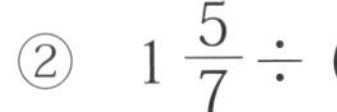 $1\frac{5}{7}\div 6$　③ $1\frac{7}{8}\div 30$

2 **次の□にあてはまる数を求めましょう。**

□ **(13)　0.1 を 4 個と 0.01 を 2 個合わせた数は□です。**

《(小数) の計算》 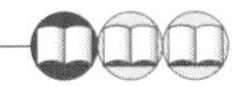

0.1 を 4 個で，0.1 × 4 ＝ 0.4

0.01 を 2 個で，0.01 × 2 ＝ 0.02

合わせると

0.4 ＋ 0.02 ＝ 0.42 …… 答

```
    0.4
＋  0.0 2   ←位をそろえて書きます。
―――――――
    0.4 2   ←答の小数点は上と同じ位置にうちます。
```

□ **(14)　12647 の百の位を四捨五入して，千の位までの概数にすると□になります。**

《（概数）の表し方》 

12647…百の位(くらい)は6より、四捨五入(ししゃごにゅう)すると切り上げになります。

一万の位、千の位、百の位、十の位、一の位

1000
12647 → 13000 ……答

ある位までの概数で表すには，そのすぐ下の位の数を四捨五入します。

四捨五入

0，1，2，3，4 →切り捨(す)て
5，6，7，8，9 →切り上げ

□ (15)　**$12m^2 =$ □ cm^2**

《面積(めんせき)の単位(たんい)》 

$1m^2 =$ 10000 cm^2 ですから，

$12m^2 = 12 \times$ 10000 cm^2

$=$ 120000 cm^2

120000 cm^2 ……答

1辺が100cmの正方形の面積が1m²です。

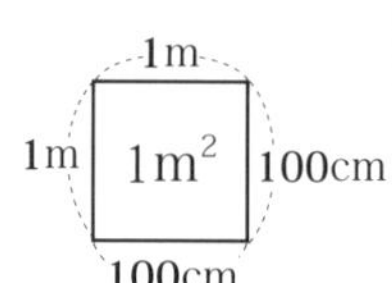

ワンポイント・アドバイス

下のような表をつくって考えるとべんりです。

			m^2				cm^2
		1	2	0	0	0	0

$1m^2 = 100cm \times 100cm = 10000cm^2$

面積の単位

$1m^2 = 10000cm^2$, $1km^2 = 1000000m^2$,

$1ha = 10000m^2$, $1a = 100m^2$, $1ha = 100a$

1aは1辺(へん)が10mの正方形の面積と同じです。

1haは1辺が100mの正方形の面積と同じです。

2

解答→p.183

次(つぎ)の□にあてはまる数を求(もと)めましょう。

① 0.1を8個(こ)と0.01を5個合わせた数は□です。

② 67258の千の位(くらい)の数字を四捨五入(ししゃごにゅう)して、一万の位までの概数(がいすう)にすると□になります。

③ $23m^2 =$ □ cm^2

3 **5.4kgのお米が入った袋(ふくろ)が8個(こ)あります。これについて、次(つぎ)の問題(もんだい)に単位(たんい)をつけて答えましょう。**

□ **(16) お米は全部(ぜんぶ)で何kgありますか。**

《倍(ばい)とかけ算》

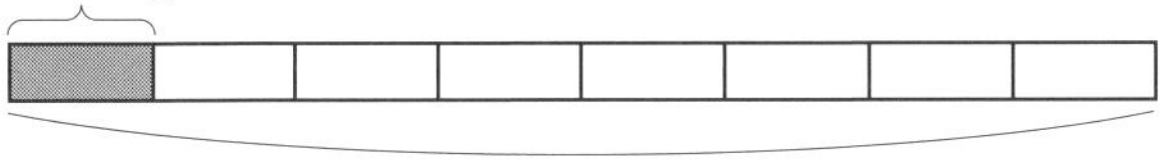

5.4 kgの袋が8個あるので全部の重(おも)さは5.4 kgの8倍になります。

5.4 × 8 = 43.2 (kg)

```
   5.4
×    8
  43.2
```

43.2kg

□（17） 8個の袋に入っているお米全部を12人で等分(とうぶん)します。1人分のお米は何kgになりますか。

《倍とわり算》

（16）より，8個の袋に入っているお米全部は 43.2 kgになります。

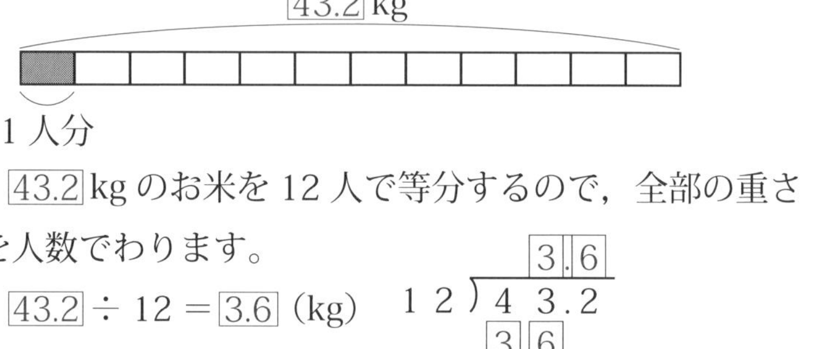

43.2 kgのお米を12人で等分するので，全部の重さを人数でわります。

43.2 ÷ 12 = 3.6 (kg)

```
      3.6
12 ) 43.2
     36
      72
      72
       0
```

答　3.6kg

3

解答→p.183

64個(こ)のアメが入った袋(ふくろ)が7個あるとき、次の問題に答えましょう。

① アメは全部(ぜんぶ)で何個ありますか。

② 7個の袋に入っているアメ全部を16人で等分(とうぶん)します。一人分は何個になりますか。

4 はるこさんの小学校の5年生120人全員(ぜんいん)に好きなスポーツについてのアンケートをとりました。これについて，次(つぎ)の問題(もんだい)に答えましょう。

□（18） サッカーと答えた人数は42人でした。サッカーと答えた人数は，5年生全体(ぜんたい)の何%ですか。

解き方

《割合(わりあい)》

もとにする量…5年生全体の120人

くらべる量……サッカーと答えた人数42人

割合＝くらべる量÷もとにする量　より

42 ÷ 120 ＝ 0.35

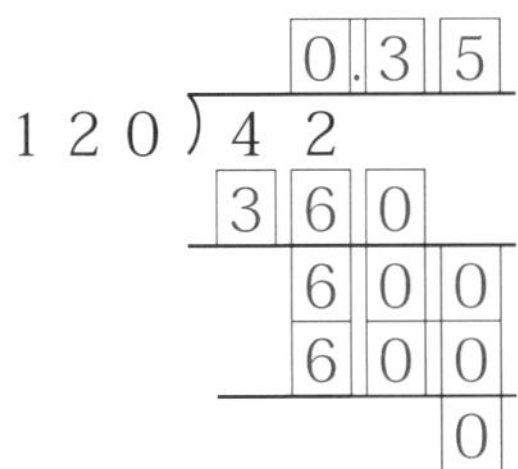

割合 0.35 を百分率(ひゃくぶんりつ)で表すと，0.35 × 100 ＝ 35（%）となります。

答 35%

ポイント

割合＝くらべる量÷もとにする量

割合（小数）→百分率

割合（小数）	0.1	0.35	1
百分率	10%	35%	100%

× 100

□（19）　野球(やきゅう)と答えた人数は，5年生全体の15%でした。野球と答えた人数は何人ですか。

解き方

《割合》

もとにする量…5年生全員120人

割合…15%（百分率）

くらべる量…野球と答えた人数

まず，百分率で表された割合を小数になおします。

15 ÷ 100 ＝ 0.15

くらべる量＝もとにする量×割合

120 × 0.15 ＝ 18（人）

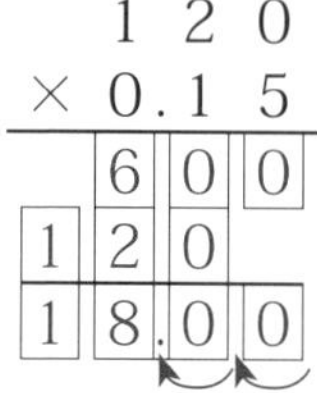

百分率で表された割合はまず小数になおしましょう。

ポイント

くらべる量＝もとにする量×割合

百分率→割合（小数）

百分率	10%	15%	100%
割合	0.1	0.15	1

÷ 100

4

解答→p.183

ゆみこさんのクラス 40 人全員に好きな教科についてのアンケートをとりました。これについて、次の問題に答えましょう。

① 算数と答えた人数は 14 人でした。算数と答えた人数はクラス全体の何％ですか。

② 国語と答えた人数は、クラス全体の 40％でした。国語と答えた人数は何人ですか。

5 右の図は直方体の展開図です。この展開図を組み立てるとき，次の問題に答えましょう。

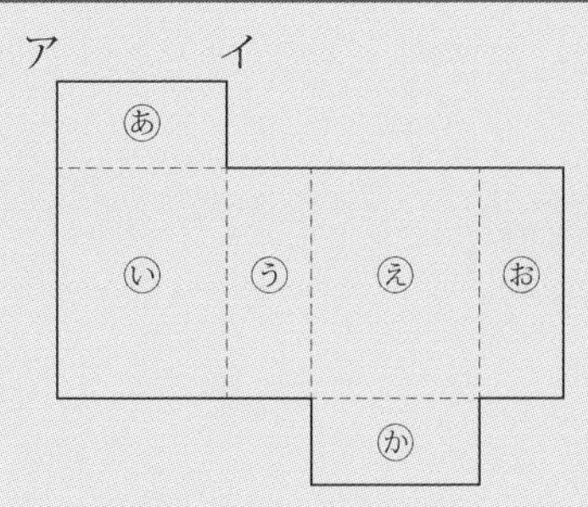

□（20） 面いと垂直になる面はいくつありますか。

《直方体の面》

展開図を組み立てます。

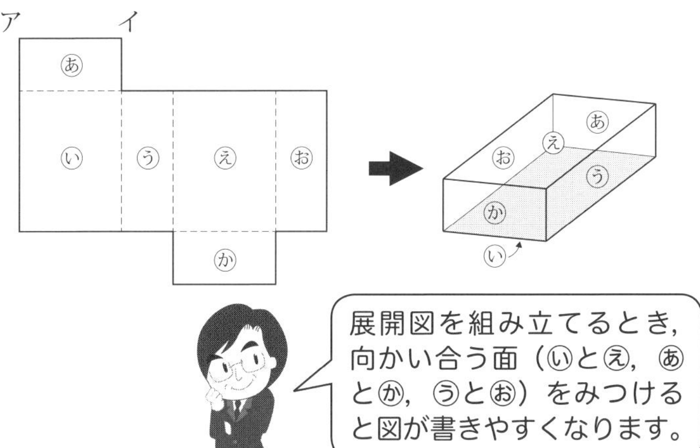

展開図を組み立てるとき，向かい合う面（いとえ，あとか，うとお）をみつけると図が書きやすくなります。

面いととなり合う面は，面あ，面う，面お，面かの４つあります。直方体では，となり合う面はすべて垂直になりますので，垂直になる面は４つあります。

答 ４つ

ポイント

直方体ではとなり合う面はすべて垂直

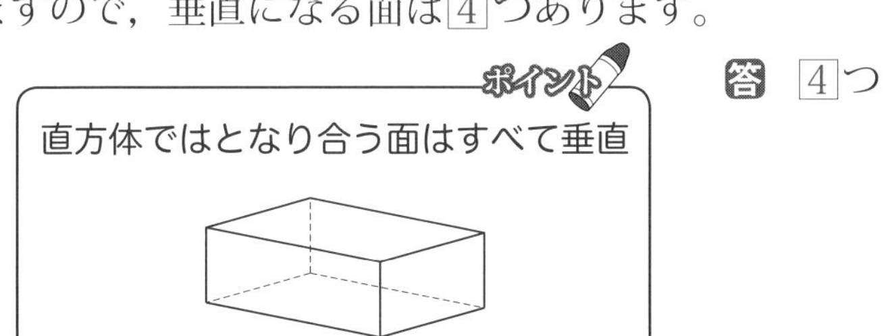

問題 p.26

□（21） 辺アイに平行な辺はいくつありますか。

《直方体の辺》

図において辺アイと平行な辺は，辺エウ，辺オカ，辺クキの3つあります。

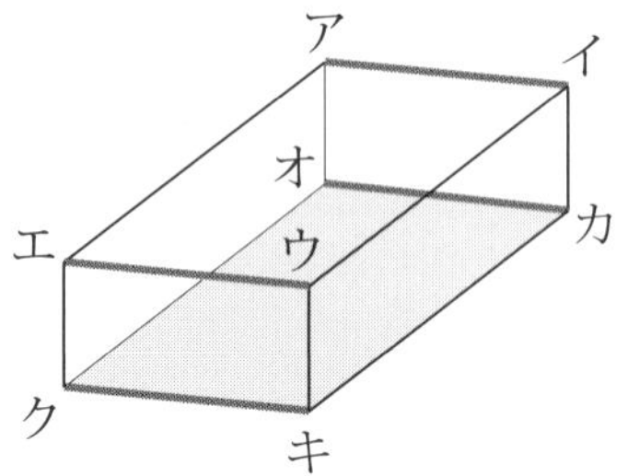

答 3つ

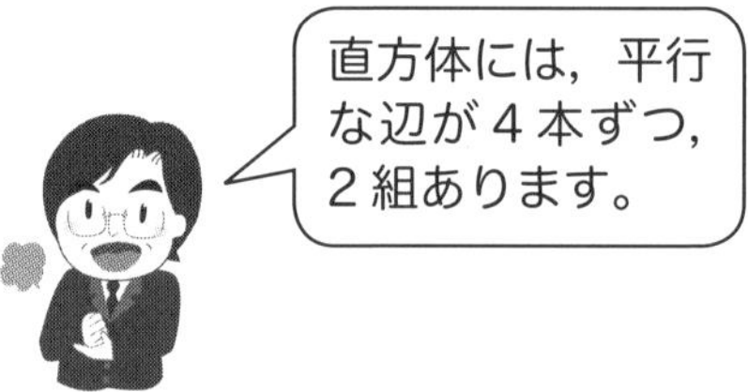

直方体には，平行な辺が4本ずつ，2組あります。

5

解答→p.183

図は直方体の展開図です。この展開図を組み立てるとき、次の問題に答えましょう。

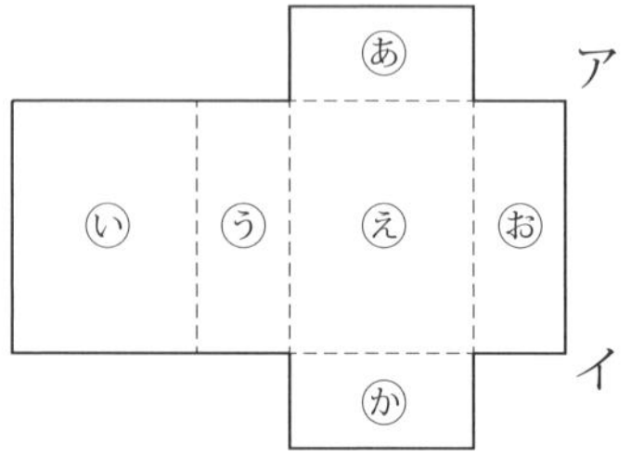

① 面うと垂直になる面をすべて答えましょう。

② 辺アイに平行な辺はいくつありますか。

6 ある学校で，月曜日から土曜日までの6日間にすてられるごみの重さを調べたら，次の表のようになりました。

曜日	月	火	水	木	金	土
ごみの重さ(kg)	3.5	7.2	5.7	4.9	9.3	1.8

このとき，次の問題に答えましょう。(23) は計算の途中の式と答えを書きましょう。

□(22) 1日平均何 kg のごみがすてられているでしょうか。

《平均》 

平均＝合計÷個数ですから，まず6日間のごみの合計を求めます。

3.5 ＋ 7.2 ＋ 5.7 ＋ 4.9 ＋ 9.3 ＋ 1.8 ＝ 32.4 (kg)

6日間ですから，6でわります。

32.4 ÷ 6 ＝ 5.4 (kg)

平均と合計
平均＝合計÷個数
合計＝平均×個数

5.4kg

□ (23) 日曜日，祝日をのぞき1か月は25日とします。1か月のごみの量を100kgにおさえたいとき，1日あたり何 kg のごみをへらせばよいでしょうか。

《平均》 

1か月のごみの量の合計を100kgとすると，1か月

は 25 日ですから 1 日あたりのごみの量は，

100 ÷ 25 ＝ 4 より，4 kg となります。

（22）より，いまは 1 日あたり 5.4 kg のごみがすてられていますので，5.4 － 4 ＝ 1.4 より，1 日あたり 1.4 kg のごみをへらせばよいことがわかります。

答　1.4 kg

6

解答→p.183

ある学校で、月曜日から土曜日までの 6 日間にすてられるごみの重さを調べたら、次の表のようになりました。

曜日	月	火	水	木	金	土
ごみの重さ（kg）	3.4	6.7	5.7	4.3	9.1	1.4

このとき、次の問題に答えましょう。

① 1 日平均何 kg のごみがすてられているのでしょうか。

② 次の月曜日から土曜日の間にすてられるごみの量を 27kg におさえたいとき、1 日あたり何 kg のごみをへらせばよいでしょうか。

7 **右の折れ線グラフは，ある市の月ごとの平均気温を表したものです。これについて，次の問題に答えましょう。　　（統計技能）**

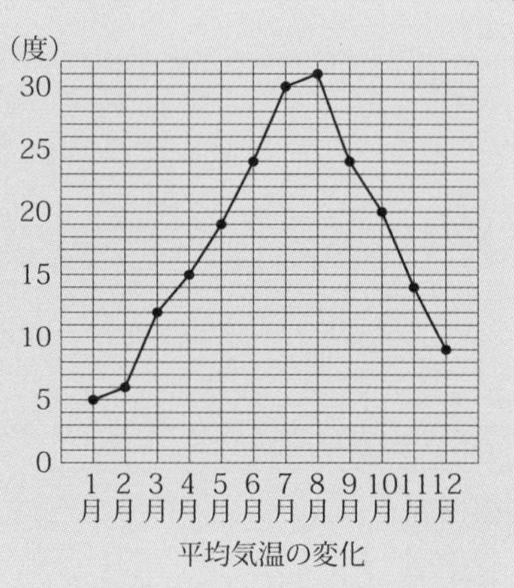

平均気温の変化

□ **（24）　平均気温が最も高い月と最も低い月との差は何度ですか。**

解き方

《折れ線グラフ》

たての目もりは１つ分が１度なので，平均気温が最も高いのは８月の31度とわかります。また，平均気温が最も低いのは１月の5度とわかります。

したがって，その差は31－5＝26（度）となります。

答　26度

□（25）　**気温の下がり方がいちばん大きかったのは何月から何月の間ですか。**

下の㋐から㋔までの中から１つを選んで，その記号を答えましょう。

㋐ ７月から８月までの間

㋑ ８月から９月までの間

㋒ ９月から10月までの間

㋓ 10月から11月までの間

㋔ 11月から12月までの間

《折れ線グラフ》

グラフからそれぞれの月ごとの温度差をよみとります。

㋐ ７月から８月までの間

30度→31度より，1度上がりました。

㋑ ８月から９月までの間

31度→24度より，7度下がりました。

㋒ ９月から10月までの間

24度→20度より，4度下がりました。

㋓ 10 月から 11 月までの間

20 度→ 14 度より，6度下がりました。

㋔ 11 月から 12 月までの間

14 度→ 9 度より，5度下がりました。

したがって，気温の下がり方がいちばん大きかったのは㋑です。

折れ線グラフでは，線のかたむきが急なところほど変わり方が大きくなります。

答 

7

解答→ p.183

図の折れ線グラフは、しんごくんのクラスで気温を 1 時間ごとに調べたものです。これについて、次の問題に答えましょう。

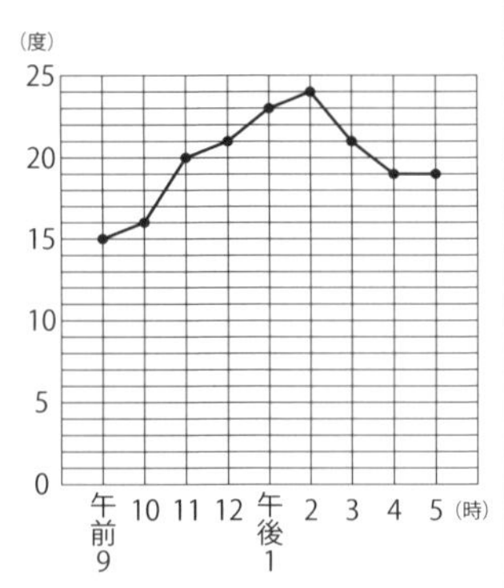

① 気温が上がっていったのは、何時から何時まででしょうか。

② 気温の上がり方がいちばん大きかったのは、何時と何時の間でしょうか。

8 **下の四角形の性質について，次の問題に答えましょう。**

平行四辺形

長方形

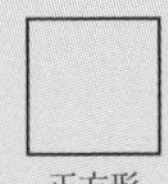
正方形

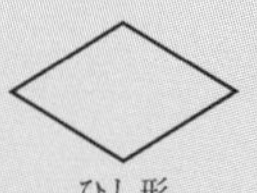
ひし形

台形

□ **(26) 向かい合う辺の長さが 2 組とも等しく，かつ平行である四角形をすべて書きましょう。**

解き方

《四角形の性質》

向かい合う辺の長さが２組とも等しくかつ平行であるのは 平行四辺形 の性質です。長方形，正方形，ひし形 は 平行四辺形 にふくまれますので，台形以外はすべてあてはまります。

答 平行四辺形，長方形，正方形，ひし形

□（27） ２本の対角線(たいかくせん)の長さが等しい四角形をすべて書きましょう。

《四角形の性質》

２本の対角線の長さが等しいのは 長方形 の性質です。正方形 は 長方形 にふくまれますので，長方形 と 正方形 があてはまります。

答 長方形，正方形

□（28） ２本の対角線によって合同(ごうどう)な４つの三角形に分けられる四角形をすべて書きましょう。

《四角形の性質》

２本の対角線によって合同な４つの３角形に分けられるのは ひし形 の性質です。正方形 は ひし形 にふくまれますので，ひし形 と 正方形 があてはまります。

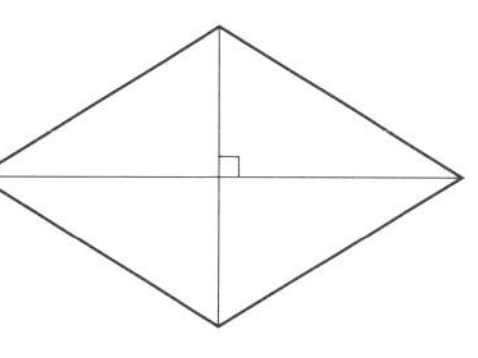

答 ひし形，正方形

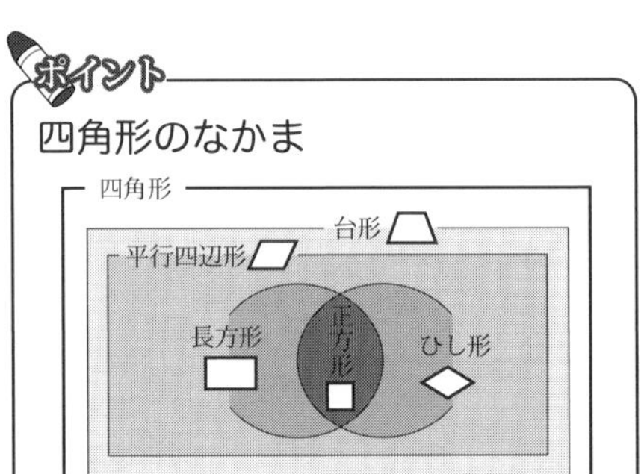

3つの条件がどの四角形の性質かを考え，そのなかまをさがしましょう。

8

解答→ p.184

次の5つの四角形の中から、あてはまるものをすべて答えましょう。

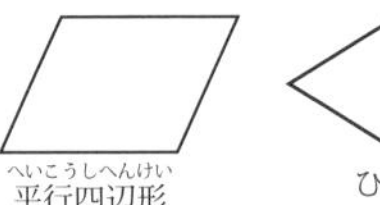

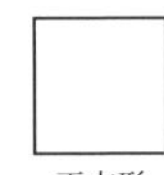
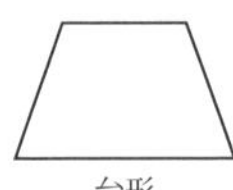

平行四辺形　ひし形　長方形　正方形　台形

① 2本の対角線がまじわった点で、それぞれが2等分されている。

② 2本の対角線が垂直になっている。

9 **1，2，2，5の数字が書かれたカードが1まいずつあります。この中から3まいのカードを選び，ならべて3けたの整数をつくります。このとき次の問題に答えましょう。（整理技能）**

□ (29) いちばん小さい奇数はいくつですか。

《ならべ方》

3けたの整数が奇数になるのは，一の位の数が奇数になるときですから，一の位は1か5のどちらかです。次に，いちばん小さい数をつくるときは位が上の順に小さ

い数を選んでいきます。したがって，まず百の位に1を選びますから，残りの5が一の位と定まり，十の位には2が並びます。以上より，いちばん小さい奇数は125です。

答 125

□ (30) いちばん大きい偶数(ぐうすう)はいくつですか。

《ならべ方》

3けたの整数が偶数になるのは，一の位の数が偶数になるときですから，一の位は2と定まります。次にいちばん大きい数をつくるときは，位が上の順に大きい数を選んでいきます。4枚のうち残っているのは1，2，5ですから，百の位に5，十の位に2が並びます。以上より，いちばん大きい偶数は522です。

答 522

奇数，偶数は，まず一の位の数に注目しましょう。

たしかめよう 9

解答→p.184

2、3、4、4の数字が書かれたカードが1まいずつあります。この中から3枚のカードを選(えら)び、ならべて3けたの整数(せいすう)をつくります。このとき次(つぎ)の問題(もんだい)に答えましょう。

① いちばん小さい奇数(きすう)はいくつですか。

② いちばん大きい偶数(ぐうすう)はいくつですか。

第３回　解説・解答

1　次の計算をしましょう。　（計算技能）

□（1）　91 ÷ 7

《２けた÷１けたの計算》

筆算で計算します。

```
   [1][3]    まず商が十の位からたつのか
7 ) 9  1      一の位からたつのかを考えます。
   [7]       ←(7 × 1)
   [2][1]    ←(9− 7，1をおろします。)
   [2][1]    ←(7 × 3)
      [0]    ←(21 − 21)
```

91 ÷ 7 ＝ 13 …… 答

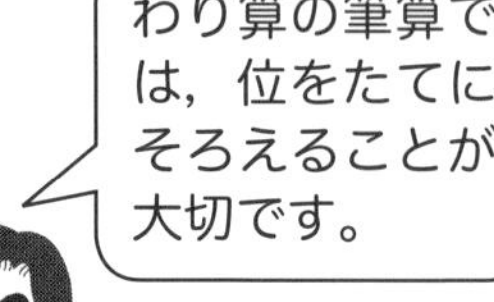

7 × 13 ＝ 91

わり算の筆算のしかた

①　位をたてにそろえて，位の高いほうから（答の数をたてる）→（かける）→（ひく）→（おろす）をくりかえしていきましょう。

②　わり算のたしかめの式：

わる数×商＝わられる数

をつかって答えのたしかめをしましょう。

1(1)
解答→p.184

① 68 ÷ 4　　② 65 ÷ 5
③ 72 ÷ 6

□ (2)　812 ÷ 29

《3けた÷2けたの計算》

筆算で計算します。

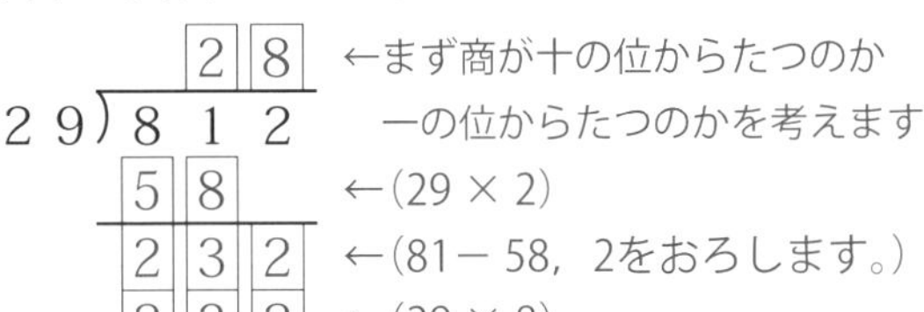

28 ←まず商が十の位からたつのか一の位からたつのかを考えます
29)812
58 ←(29 × 2)
232 ←(81 − 58, 2をおろします。)
232 ←(29 × 8)
0 ←(232 − 232)

812 ÷ 29 = 28 …… 答

29 × 28 = 812

1(2)
解答→p.184

① 874 ÷ 38　　② 504 ÷ 28
③ 576 ÷ 16

□（3）　**56 ×（42 − 27）**

《（　　）のある式の計算》

56 ×（42 − 27）　（　　）の中を先に計算します。

＝ 56 × 15　筆算（ひっさん）で計算しましょう。

＝ 840 …… 答

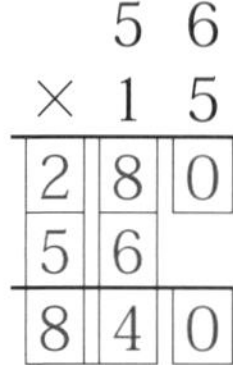

計算の順序
（　　）→ ×，÷ → ＋，− に注意しましょう。

（　　）のある式の計算

（　　）がある式では，まず（　　）の中を先に計算しましょう。

1(3)
解答→ p.184

① 700 ÷（54 − 26）　② 45 ×（36 − 28）
③ 630 ÷（23 ＋ 19）

□（4）　**80 − 64 ÷ 4**

《計算の順序》

80 − 64 ÷ 4　−より÷を先に計算します。

＝ 80 − 16

＝ 64 …… 答

計算の順序

- 左から順に計算します。
- (　　)があるときは,(　　)の中を先に計算します。
- ＋,－,×,÷がまじっている式では,×,÷を先に計算します。
- (　　)の中に,＋,－,×,÷があるときも×,÷を先に計算します。

1(4)
解答→p.184

① 28＋21÷7　② 5＋15×3
③ 54－42÷6

□(5)　0.47＋6.64

《(小数)＋(小数)の計算》

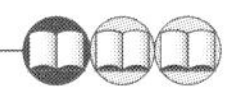

筆算で計算します。

```
   0.4 7
 + 6.6 4   ←位(くらい)をそろえて書きます。
 ───────
   7.1 1   ←整数(せいすう)のときと同じように計算し，小数点を上と同じ位置にうちます。
```

0.47＋6.64＝7.11 …… 答

とちゅうの計算は整数のときと同じです。

小数のたし算の筆算

・位をそろえて書きます。

・とちゅうは整数のときと同じように計算します。

・答えの小数点は上と同じ位置にうちます。

1(5)

解答→p.184

① 3.29 ＋ 4.72　② 5.19 ＋ 3.08

③ 6.28 ＋ 2.55

□ (6)　10.6 － 7.62

《(小数)－(小数) の計算》

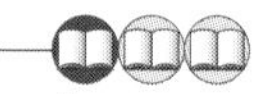

筆算で計算します。

```
    1 0.6
－    7.6 2   ←位をそろえて書きます。
───────────
      2.9 8   ←整数のときと同じように計算し，小数点を上と同じ位置にうちます。
```

10.6 － 7.62 ＝ 2.98 …… 答

小数のひき算の筆算

・位をそろえて書きます。

・とちゅうは整数のときと同じように計算します。

・答えの小数点は上と同じ位置にうちます。

1(6)

解答→p.184

① 9.03 － 4.77　② 7.3 － 2.56

③ 6.79 － 2.86

□（7）　5.2 × 4.8

《（小数）×（小数）の計算》

筆算で計算します。

```
     5.2   →小数部分１けた ─┐
×    4.8   →小数部分１けた ─┤
─────────                   │
    416                     │
  208                       │
─────────                   │
  24.96   ←小数部分２けた ←─┘
```

5.2 × 4.8 ＝ 24.96 ……答

小数点の位置に注意！

小数のかけ算の筆算のしかた

① 小数がないものとして，整数のかけ算と同じように計算します。

② 積（せき）の小数点は，積の小数部分のけた数が，かけられる数とかける数の小数部分のけた数の和になるようにうちます。

```
     0.43   →小数部分２けた ─┐
×     3.5   →小数部分１けた ─┤
──────────                   │
     215                     │
    129                      │
──────────                   │
    1.505   ←小数部分３けた ←─┘
```

1 (7)
解答→p.184

① 3.6 × 6.3　　② 7.2 × 4.5

③ 6.9 × 6.4

□（8） 39.36 ÷ 1.6

《(小数)÷(小数) の計算》

筆算(ひっさん)で計算します。

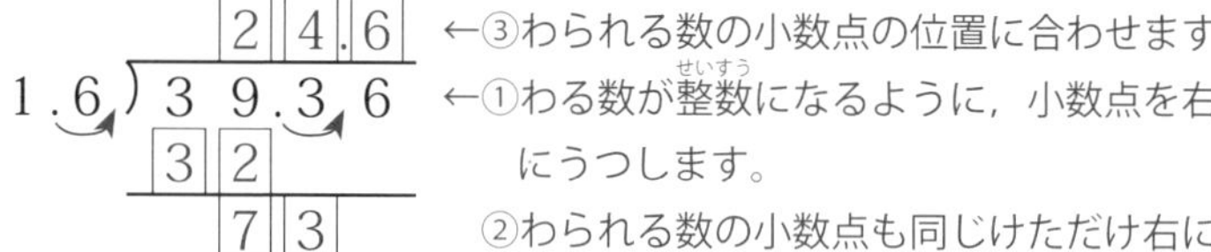

```
         2 4.6      ←③わられる数の小数点の位置に合わせます。
    ┌──────────
1.6 ) 3 9.3 6      ←①わる数が整数(せいすう)になるように，小数点を右
      3 2             にうつします。
      ─────          ②わられる数の小数点も同じけただけ右に
        7 3            うつします。
        6 4
        ─────
          9 6
          9 6
          ───
            0
```

39.36 ÷ 1.6 = 24.6 …… 答

小数のわり算の筆算のしかた

① わる数が整数になるように小数点を右にうつします。

② わられる数の小数点も，①でうつした分だけ右にうつします。

③ 商(しょう)の小数点は，わられる数のうつした小数点の位置にそろえてうちます。

```
             ③
            2.4
       ┌────────
3.26 ) 7.8 2.4
  ①    6 5 2 ②
       ────────
       1 3 0 4
       1 3 0 4
       ────────
             0
```

1(8)

解答→ p.184

① 34.72 ÷ 5.6　　② 22.12 ÷ 2.8

③ 36.12 ÷ 4.3

□ (9) $\frac{2}{5}+\frac{3}{10}$

《(分数)+(分数) の計算》

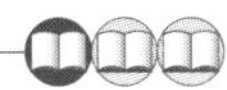

$\frac{2}{5}+\frac{3}{10}$

5と10の最小公倍数(さいしょうこうばいすう)10を共通(きょうつう)な分母にして通分(つうぶん)します。

$=\frac{2\times\boxed{2}}{5\times\boxed{2}}+\frac{3}{10}$

$=\frac{\boxed{4}}{10}+\frac{\boxed{3}}{10}$

分子どうしをたします。

$=\boxed{\frac{7}{10}}$ …… 答

分母がちがう分数のたし算は，通分してから分子どうしをたします。

分数のたし算

分母のちがう分数のたし算は，通分して計算します。

$\frac{1}{4}+\frac{2}{3}=\frac{3}{12}+\frac{8}{12}=\frac{11}{12}$

4と3の最小公倍数12を共通な分母にして通分します。

1(9)

解答→p.184

① $\frac{1}{6}+\frac{3}{4}$　② $\frac{1}{4}+\frac{3}{16}$　③ $\frac{1}{2}+\frac{7}{18}$

□ (10)　$3\frac{1}{3}-\frac{7}{8}$

《(分数)－(分数) の計算》

$$3\frac{1}{3}-\frac{7}{8}$$

$$=3\frac{1\times\boxed{8}}{3\times\boxed{8}}-\frac{7\times\boxed{3}}{8\times\boxed{3}}$$

3 と 8 の最小公倍数(さいしょうこうばいすう) 24 を共通(きょうつう)な分母にして通分(つうぶん)します。

$$=3\frac{\boxed{8}}{24}-\frac{\boxed{21}}{24}$$

分子がひけないときは，帯分数(たいぶんすう)の中の1をつかって仮分数(かぶんすう)になおします。

$$=2\frac{\boxed{32}}{24}-\frac{\boxed{21}}{24}$$

分子どうしをひきます。

$$=2\frac{\boxed{11}}{24}$$ …… 答

分数のひき算

分母のちがう分数のひき算は，通分して計算します。

例　$\frac{2}{3}-\frac{2}{5}=\frac{10}{15}-\frac{6}{15}=\frac{4}{15}$

3 と 5 の最小公倍数 15 を共通な分母にして通分します。

1(10)

解答→ p.184

①　$\frac{5}{6}-\frac{1}{4}$　②　$1\frac{1}{6}-\frac{1}{2}$　③　$3\frac{1}{8}-\frac{5}{6}$

□ (11) $\frac{19}{60} \times 5$

《(分数)×(整数) の計算》

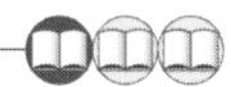

$\frac{19}{60} \times 5$

整数(せいすう)を分子にかけて，約分(やくぶん)します。

$= \frac{19 \times \overset{1}{\cancel{5}}}{\underset{12}{\cancel{60}}}$

計算のとちゅうで約分できるときは約分します。

$= \frac{19}{12}$

$= 1\frac{7}{12} \left(\frac{19}{12}\right)$ …… 答

分数×整数の計算

分数に整数をかける計算では，分母はそのままにして，分子に整数をかけます。

$$\frac{☆}{△} \times ◎ = \frac{☆ \times ◎}{△}$$

1(11)

解答→p.184

① $\frac{5}{8} \times 12$　② $\frac{7}{40} \times 16$　③ $\frac{11}{12} \times 3$

□ (12) $\frac{5}{7} \div 20$

《(分数)÷(整数) の計算》

$$\frac{5}{7} \div 20$$

$$= \frac{\overset{\boxed{1}}{\cancel{5}}}{7 \times \underset{\boxed{4}}{\cancel{20}}}$$

整数(せいすう)を分母にかけて、約分(やくぶん)します。

$$= \boxed{\frac{1}{28}} \quad \cdots\cdots \text{答}$$

とちゅうで約分すると，計算がかんたんになります。

分数÷整数の計算

分数を整数でわる計算では，分子はそのままにして，分母に整数をかけます。

$$\frac{☆}{△} \div ◎ = \frac{☆}{△ \times ◎}$$

1 (12)

解答→ p.184

① $\frac{5}{12} \div 10$　② $1\frac{1}{6} \div 14$　③ $1\frac{7}{9} \div 12$

2 次(つぎ)の □ にあてはまる数を求(もと)めましょう。

□ (13)　0.1 を 2 個(こ)と 0.01 を 7 個合わせた数は □ です。

《(小数) の計算》

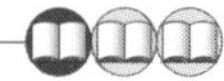

0.1 を 2 個で，$0.1 \times 2 = \boxed{0.2}$

0.01 を 7 個で，$0.01 \times 7 = \boxed{0.07}$

合わせると

$\boxed{0.2} + \boxed{0.07} = \boxed{0.27}$ …… 答

$$\begin{array}{r} 0.2 \\ +\ 0.07 \\ \hline \boxed{0}.\boxed{2}\boxed{7} \end{array}$$

←位(くらい)をそろえて書きます。

←答の小数点は上と同じ位置にうちます。

□(14)　**7287の十の位(くらい)を四捨五入(ししゃごにゅう)して，百の位までの概数(がいすう)にすると□になります。**

《(概数)の表し方》

7287…十の位(くらい)は8より，四捨五入(ししゃごにゅう)すると切り上げになります。

（7：千の位，2：百の位，8：十の位，7：一の位）

7287 → 7300 ……答

（2 → $\boxed{1}\boxed{0}\boxed{0}$：8を切り上げ）

ある位までの概数で表すには，そのすぐ下の位の数を四捨五入します。

四捨五入

0，1，2，3，4→切り捨(す)て

5，6，7，8，9→切り上げ

□(15)　**3000000cm^3 = □ m^3**

《体積(たいせき)の単位(たんい)》

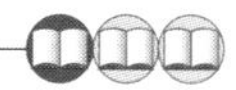

1000000cm^3 = $\boxed{1}$m^3 ですから，

3000000cm^3 = $\boxed{1000000}$cm^3 × $\boxed{3}$

= $\boxed{1}$m^3 × $\boxed{3}$ = $\boxed{3}$m^3

$\boxed{3}$m^3 ……答

1 辺が 100cm の立方体の体積が $1m^3$ ですね。

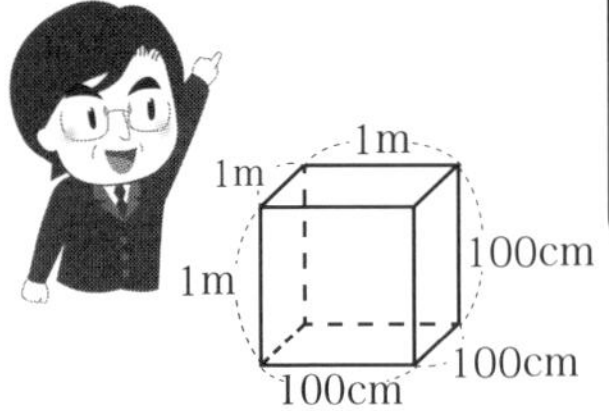

下のような表をつくって考えるとべんりです。

	m^3						cm^3
	3	0	0	0	0	0	0

$$1m^3 = 100cm \times 100cm \times 100cm$$
$$= 1000000cm^3$$

体積の単位

$1m^3 = 1000000cm^3$，$1L = 1000cm^3$，

$1dL = 100cm^3$，$1L = 10dL$，$1kL = 1000L = 1m^3$

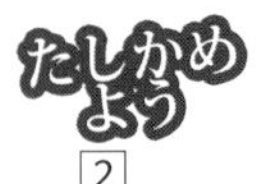

2

解答→p.184

次(つぎ)の□にあてはまる数を求(もと)めましょう。

① 0.1 を 3 個(こ)と 0.01 を 6 個合わせた数は□です。

② 46752 の百の位(くらい)を四捨五入(ししゃごにゅう)して、千の位までの概数(がいすう)にすると□になります。

③ $7000000cm^3 = □ m^3$

3 **たての長さが 1.8m，まわりの長さが 6.6m の長方形の土地があります。次(つぎ)の問題(もんだい)に単位(たんい)をつけて答えましょう。**

□ **(16) 横(よこ)の長さは何 m ですか。**

《長方形のまわりの長さ》

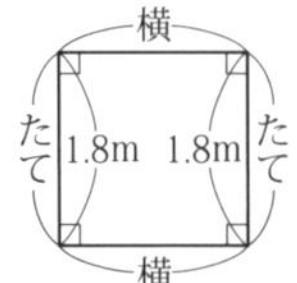

長方形では図のように

(たて＋横）＋（たて＋横）＝まわりの長さ

となっています。そこで,

(たて＋横）＝まわりの長さ÷ 2 となります。

6.6 ÷ 2 ＝ 3.3 （m）より

横の長さは, 3.3 − 1.8 ＝ 1.5 （m）とわかります。

答 1.5 m

□（17） この長方形の土地の面積(めんせき)は何 m^2 ですか。

《面積》

長方形の面積＝たて×横ですから,

面積は, 1.8 × 1.5 ＝ 2.7 （m^2）となります。

答 2.7 m^2

ポイント

長方形のまわりの長さ＝（たて＋横）×2
長方形の面積＝たて × 横

3

解答→ p.184

横(よこ)の長さが 2.4m、まわりの長さが 9.8m の長方形の土地があります。次(つぎ)の問題(もんだい)に答えましょう。

① たての長さは何 m ですか。

② この長方形の土地の面積(めんせき)は何 m^2 ですか。

4 下の表は，えりこさんのクラスで学校へ登校するのにかかる時間を調べ，その結果をまとめたものです。次の問題に答えましょう。　（統計技能）

登校にかかる時間（人）

	男子	女子	合計
15分未満	10	6	
15分以上	12		
合　計			36

□（18）クラスの女子は全部で何人ですか。

解き方

《表や式をつかって表す》 

	男子	女子	合計
15分未満	10	6	
15分以上	12		
合　計	㋐	㋑	36

表の中の区ぎられた場所が何を表すのかを，たてと横から考えてみましょう。

男子の15分未満の人数は10人

男子の15分以上の人数は12人

この2つをたすと㋐の部分（男子の人数）がわかります。

　10＋12＝22人，㋐＝22

クラスの女子の人数は㋑の部分です。クラス全体の人数は36人ですから，36人から男子の人数22人をひいて，

　36－22＝14（女子の人数㋑）

答　14人

□（19）　登校に15分以上かかる人は全部で何人ですか。

《表や式をつかって表す》 

	男子	女子	合計
15分未満	10	6	
15分以上	12	㋒	㋓
合　計	22	14	36

女子の15分未満の人数は6人，女子は全部で[14]人ですから，[14]から6をひくと，女子の15分以上の人数㋒がわかります。

[14]－6＝[8]，㋒＝[8]

男子の15分以上の人数は12人，女子の15分以上の人数は[8]人，この2つをたすと㋓の部分（15分以上の人数）がわかります。

12＋[8]＝[20]，㋓＝[20]

答　[20]人

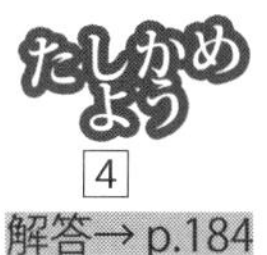
4
解答→p.184

下の表は、よしこさんのクラスで家庭学習の時間を調べ、その結果をまとめたものです。次の問題に答えましょう。

	男子	女子	合計
1時間未満	8	5	
1時間以上		10	
合　計			32

①　クラスの男子は全部で何人ですか。

②　家庭学習を1時間以上する人は全部で何人ですか。

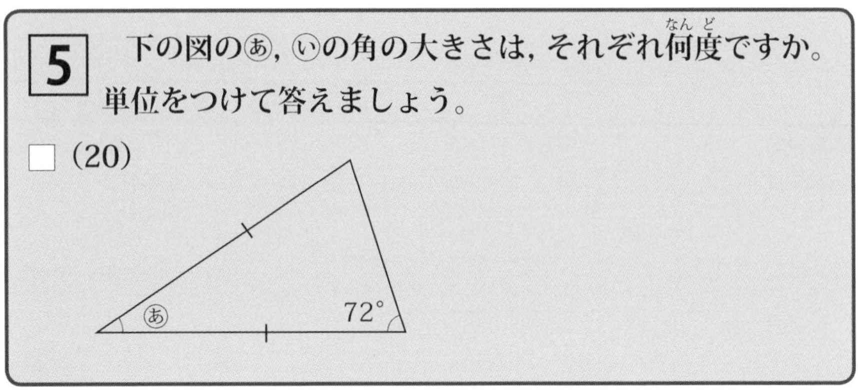

5 下の図の㋐，㋑の角の大きさは，それぞれ何度(なんど)ですか。単位をつけて答えましょう。

□ (20)

解き方

《三角形の角の大きさ》

二等辺三角形では，右図のように 2 つの角の大きさが等しくなります。三角形の 3 つの角の大きさの和は 180° ですから，㋐の角度は

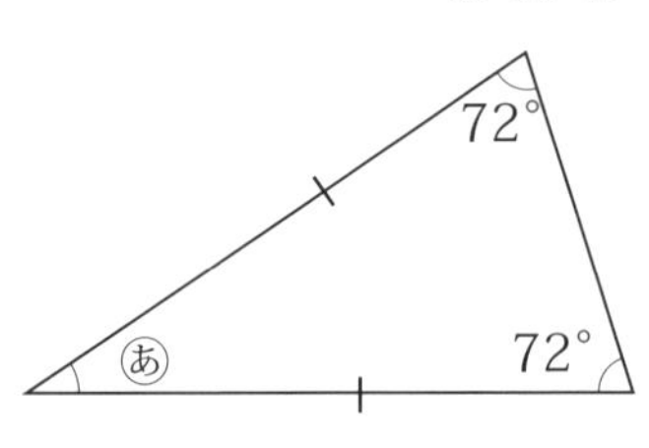

180 − 72 − 72 = 36 となります。

答 ㋐ 36 度

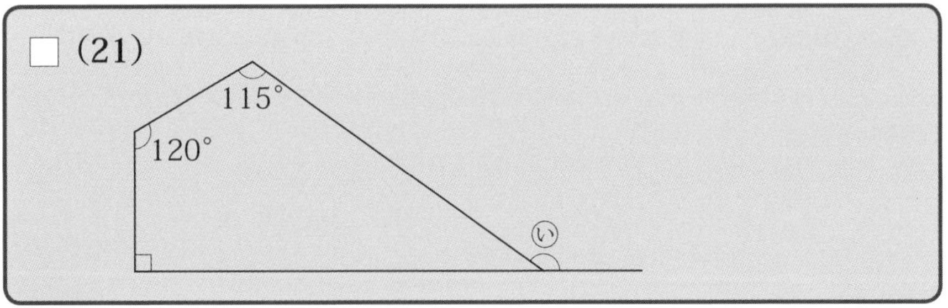

□ (21)

《三角形の角の大きさ》

四角形の 4 つの角の大きさの和は 360° ですから，右図の㋒の角度は

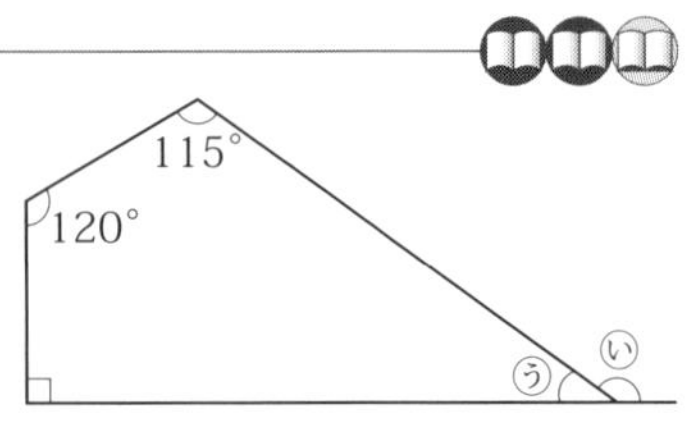

360 － 120 － 115 － 90 ＝ 35 となります。

したがって，㋑の角度は

180 － 35 ＝ 145 になります。

答 ㋑ 145 度

ポイント

多角形の角の大きさの和
三角形：180°
四角形：180×2 = 360 より 360°
五角形：180×3 = 540 より 540°

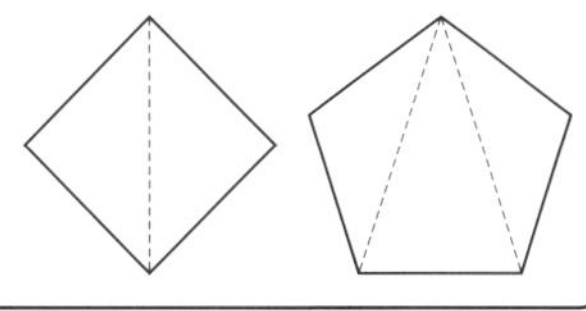

たしかめよう 5 解答→p.184

図の㋐、㋑の角の大きさはそれぞれ何度ですか。

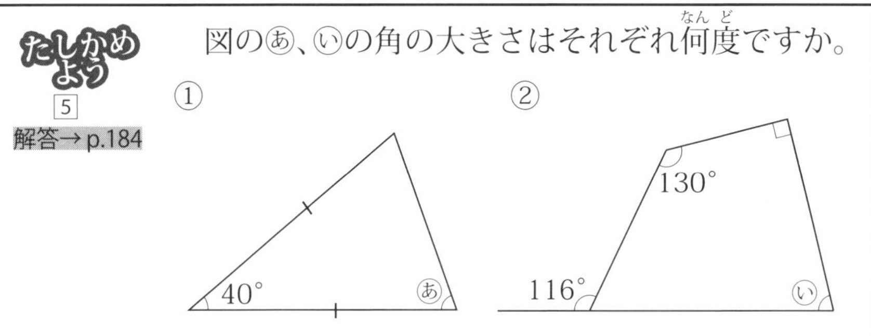

6 たかしくんは全部で 352 ページある本を読んでいます。5 日間で 80 ページ読みました。これについて，次の問題に答えましょう。

□(22) 1 日に読んだページ数は，平均何ページでしょうか。

解き方

《平均》

平均＝合計÷個数ですから

80 ÷ 5 ＝ 16

答 16 ページ

□ (23) **このまま読み続けると，本を読み終えるまでに全部で何日かかるでしょうか。**

《平均》

たかしくんが1日に読む平均ページ数は（22）より 16 ページです。○日で352ページの本を読み終えるとすると，平均×個数＝合計ですから，式をつくると

16 ×○＝352となります。

○＝352÷ 16

○＝ 22 （日）

ポイント
平均＝合計÷個数
合計＝平均×個数

```
      2 2
16)3 5 2
   3 2
     3 2
     3 2
       0
```

答 22 日

6

解答→p.184

けんたくんは全部で342ページある本を読んでいます。4日間で72ページ読みました。これについて、次の問題に答えましょう。

① 1日に読んだページ数は、平均何ページでしょうか。

② このまま読み続けると、本を読み終えるまでに全部で何日かかるでしょうか。

7 **1から20までの整数について，次の問題に答えましょう。**

□ (24) **3の倍数は，何個ありますか。**

《倍数》

3 ×（整数）でできる数を 3 の倍数といいます。

3 の倍数

3 × 1 = 3，3 × 2 = 6，3 × 3 = 9，

3 × 4 = 12，3 × 5 = 15

3 × 6 = 18，3 × 7 = ~~21~~ ← 20 をこえます。

したがって，3，6，9，12，15，18 の 6 個あります。

答 6 個

□ (25) 2 と 3 の公倍数(こうばいすう)をすべて求(もと)めましょう。

《公倍数》

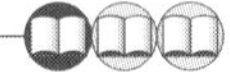

2 ×（整数）でできる数を 2 の倍数といいます。

2 の倍数

2 × 1 = 2，2 × 2 = 4，2 × 3 = 6，

2 × 4 = 8，2 × 5 = 10

2 × 6 = 12，2 × 7 = 14，2 × 8 = 16，

2 × 9 = 18，2 × 10 = 20

2 × 11 = ~~22~~ ← 20 をこえます。

したがって 2 の倍数は，2，4，6，8，10，12，14，16，18，20 の 10 個あります。

2 の倍数：2，4，⑥，8，10，⑫，14，16，⑱，20

3 の倍数：3，⑥，9，⑫，15，⑱

2 と 3 の公倍数とは，2 と 3 のどちらの倍数にもなっている数ですから，○をつけた⑥，⑫，⑱が 2 と 3 の公倍数になります。

答 6，12，18

□（26） 素数(そすう)は何個ありますか。

《素数》

素数とは，1とその数以外に約数(やくすう)のない整数のことです。ただし，1は素数とはしません。

ポイント

素数とは1とその数以外に約数のない整数のこと。ただし，1は素数とはしない。

素数でない整数は素数だけのかけ算として表すことができますので，素数だけのかけ算で表せるかどうかしらべます。

○…素数，×…素数でない。

1…×，2…○，3…○，4 = 2 × 2より×，5…○，
6 = 2 × 3より×，7…○，8 = 2 × 2 × 2より×，
9 = 3 × 3より×，10 = 2 × 5より×，11…○，
12 = 2 × 2 × 3より×，13…○，14 = 2 × 7より×，
15 = 3 × 5より×，16 = 2 × 2 × 2 × 2より×，
17…○，18 = 2 × 3 × 3より×，19…○，
20 = 2 × 2 × 5より×

したがって素数は，2，3，5，7，11，13，17，19の8個あります。

答 8個

素数だけのかけ算で表すと約数を見つけることもできます。

7
解答→p.184

10から30までの整数(せいすう)について、次(つぎ)の問題(もんだい)に答えましょう。

① 3の倍数(ばいすう)は、何個(こ)ありますか。

② 2と3の公倍数(こうばいすう)は、何個ありますか。

③ 素数(そすう)は何個ありますか。

8 **下の図形の面積(めんせき)は，それぞれ何 cm^2 ですか。(28) は計算の途中(とちゅう)の式(しき)と答えを書きましょう。（測定技能）**

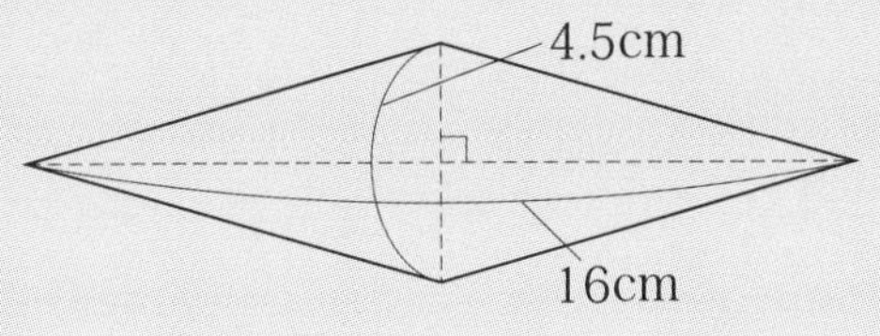

《ひし形の面積》
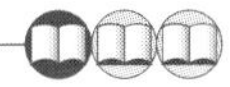

2本の対角線(たいかくせん)の長さは4.5cmと16cmですから，

4.5 × 16 ÷ 2 = 36

ひし形の面積＝対角線 × 対角線 ÷2

36 cm^2

ひし形の面積は，対角線をたての辺(へん)，横(よこ)の辺とした長方形の面積の半分です。

□ (28) **台形と三角形を組み合わせた図形**

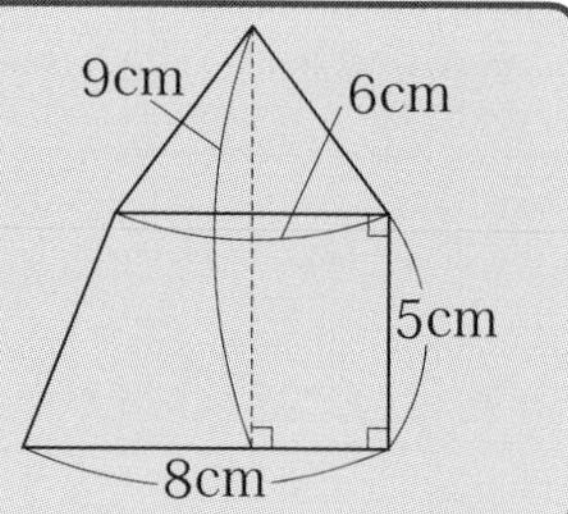

《三角形と台形の面積》

次のように台形と三角形に分けて考えます。

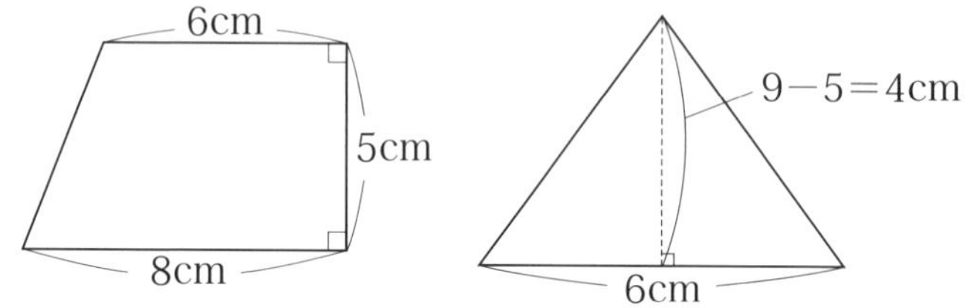

台形の面積

上底(じょうてい)6cm，下底(かてい)8cm，高さ 5cm の台形です。

台形の面積＝（上底＋下底）×高さ÷ 2 ですから，

（6 ＋ 8）× 5 ÷ 2 ＝ 35 （cm^2）

三角形の面積

底辺(ていへん)6cm，高さ 4cm の三角形です。

三角形の面積＝底辺×高さ÷ 2 ですから，

6 × 4 ÷ 2 ＝ 12 （cm^2）

したがって，組み合わせた図形の面積は，

35 ＋ 12 ＝ 47 （cm^2）となります。

答 47 cm^2

台形の面積
＝（上底＋下底）× 高さ ÷2
三角形の面積
＝底辺 × 高さ ÷2

8

解答→p.184

次の図形の面積は、それぞれ何 cm^2 ですか。

①ひし形

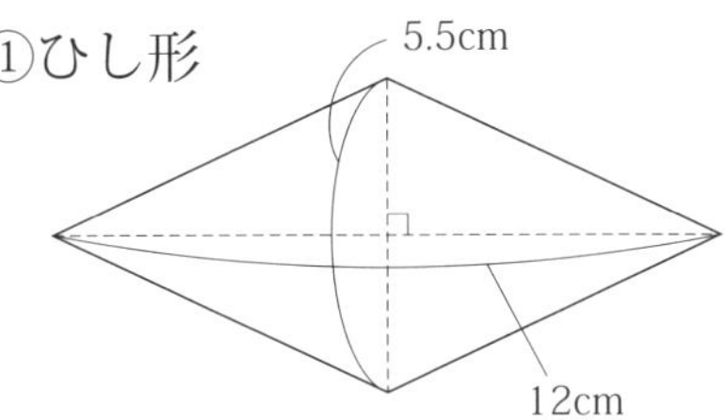

②台形と三角形を組み合わせた図形

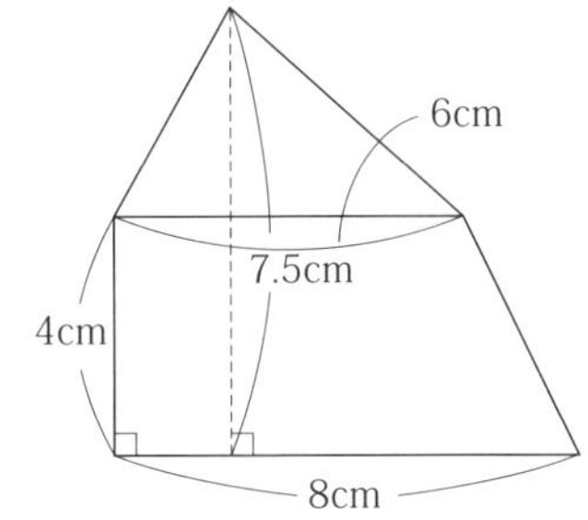

9 1km² あたりの人口を人口密度といい，次の式で計算されます。

人口密度＝人口÷面積（km²）

これについて，次の問題に答えましょう。

□（29） A 町の人口は 27400 人で，面積は 220km² です。A 町の人口密度を，四捨五入して一の位までの概数で求めましょう。

《人口密度》

人口を面積でわります。

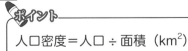

人口密度＝人口 ÷ 面積（km²）

27400 ÷ 220 ＝ 124.5…

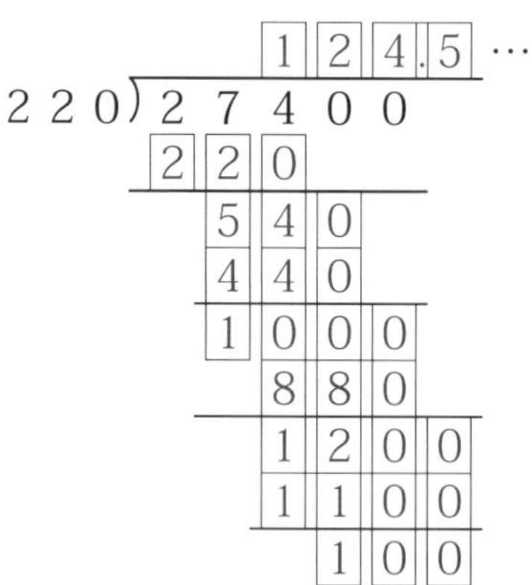

124.⑤…

小数第 1 位は 5 ですから切り上がります。

124.5…（4 → 5、5 → 0）

□（30） **B 町の人口は 41300 人で，面積 $340km^2$ です。A 町と B 町では，どちらのほうがこんでいるといえるでしょうか。**

《人口密度（じんこうみつど）》

B 町の人口密度を求めます。

どちらがこんでいるのかは、人口密度をくらべるとわかります。

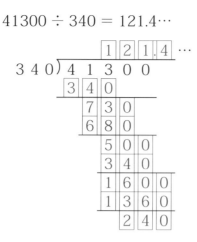

$41300 \div 340 = 121.4\cdots$

```
          1 2 1.4 …
340 ) 4 1 3 0 0
      3 4 0
        7 3 0
        6 8 0
          5 0 0
          3 4 0
          1 6 0 0
          1 3 6 0
            2 4 0
```

人口密度をくらべると

A 町→124.5…

B 町→121.4…

人口密度とは 1km^2 あたりの人口をいうので，A 町のほうがB 町より 1km^2 あたりの人口が多いことがわかります。したがって，B町よりA町の方がこんでいます。

答 A町

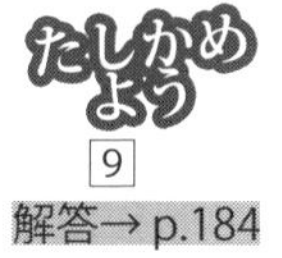

9

解答→p.184

1km^2 あたりの人口（じんこう）を人口密度（じんこうみつど）といい、人口密度＝人口÷面積（めんせき）（km^2）で計算されます。K 市の人口は 86560 人で、面積は 11km^2 です。K 市の人口密度を、四捨五入（ししゃごにゅう）して十の位（くらい）までの概数（がいすう）で求めましょう。

第４回　解説・解答

1　次の計算をしましょう。　（計算技能）

□（1）　85 ÷ 5

《2けた÷1けたの計算》 

筆算で計算します。

	1	7	まず商が十の位からたつのか
5)	8	5	一の位からたつのかを考えます。
	5		←(5 × 1)
	3	5	←(8－5，5をおろします。)
	3	5	←(5 × 7)
		0	←(35 － 35)

わり算の筆算では，位をたてにそろえることが大切です。

85 ÷ 5 ＝ 17 ……答

5 × 17 ＝ 85

わり算では答えのたしかめをしましょう。

わり算の筆算のしかた

① 位をたてにそろえて，位の高いほうから（答の数をたてる）→（かける）→（ひく）→（おろす）をくりかえしていきましょう。

② わり算のたしかめの式：
わる数×商＝わられる数
をつかって答えのたしかめをしましょう。

1(1)

解答→p.185

① $87 \div 3$　② $96 \div 4$

③ $76 \div 4$

□（2）$952 \div 56$

《3けた÷2けたの計算》

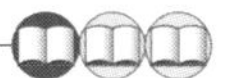

筆算で計算します。

```
         1  7    ←まず商が十の位からたつのか
  56 ) 9  5  2     一の位からたつのかを考えます
       5  6      ←(56 × 1)
       3  9  2   ←(95－56，2をおろします。)
       3  9  2   ←(56 × 7)
             0   ←(392 － 392)
```

$952 \div 56 = \boxed{17}$ …… 答

わり算の筆算では，位をたてにそろえることが大切です。

答えのたしかめ

$56 \times \boxed{17} = 952$

わり算では答えのたしかめをしましょう。

1(2)

解答→p.185

① $828 \div 46$　② $962 \div 37$

③ $696 \div 24$

□（3） （568 + 56）÷ 52

《（　　）のある式の計算》 

（568 + 56）÷ 52　　（　　）の中を先に計算します。

= 624 ÷ 52　　筆算で計算しましょう。

= 12 …… 答

```
      1 2
52)6 2 4
   5 2       ←(52 × 1)
   1 0 4     ←(62 − 52，4をおろします。)
   1 0 4     ←(52 × 2)
       0     ←(104 − 104)
```

（　　）のある式の計算

（　　）がある式では，まず（　　）の中を先に計算しましょう。

1(3)

解答→ p.185

① 816 ÷（32 + 16）　　② 19 ×（47 − 28）

③ 754 ÷（78 − 49）

□（4） 22 + 28 × 6

《計算の順序》

$22 + 28 \times 6$

$= 22 + 168$ ←+より×を先に計算します。

$= \boxed{190}$ …… 答

計算の順序

・左から順に計算します。

・(　　)があるときは,(　　)の中を先に計算します。

・+,－,×,÷がまじっている式では,×,÷を先に計算します。

・(　　)の中に,+,－,×,÷があるときも×,÷を先に計算します。

1(4)

解答→p.185

① $8 + 40 \div 8$　　② $3 + 17 \times 5$

③ $90 - 45 \div 9$

□ (5)　**5.97 + 4.54**

《(小数)+(小数)の計算》

筆算で計算します。

```
    5.9 7
+   4.5 4   ←位(くらい)をそろえて書きます。
─────────
  1 0.5 1   ←整数(せいすう)のときと同じように計算し,小数点を上と同じ位置にうちます。
```

$5.97 + 4.54 = \boxed{10.51}$ …… 答

とちゅうの計算
は整数のときと
同じです。

小数のたし算の筆算

・位をそろえて書きます。

・とちゅうは整数のときと同じように計算します。

・答えの小数点は上と同じ位置にうちます。

1(5)

解答→p.185

① 6.71 ＋ 3.88　　② 4.74 ＋ 2.68

③ 5.08 ＋ 2.69

□（6） 6.02 − 1.39

《(小数)−(小数) の計算》

筆算(ひっさん)で計算します。

```
  6.0 2
− 1.3 9
-------
  4.6 3
```

←位(くらい)をそろえて書きます。

←整数(せいすう)のときと同じように計算し，小数点を上と同じ位置にうちます。

6.02 − 1.39 ＝ 4.63 …… 答

小数のひき算の筆算

・位をそろえて書きます。

・とちゅうは整数のときと同じように計算します。

・答えの小数点は上と同じ位置にうちます。

1(6)

解答→p.185

① 8.55 − 3.88　　② 7.6 − 2.08

③ 9.85 − 4.68

□（7） 5.4 × 0.7

《（小数）×（小数） の計算》

筆算で計算します。

```
      5.4   →小数部分 1 けた
 ×    0.7   →小数部分 1 けた
 ──────────
      3.78  ←小数部分 2 けた
```

5.4 × 0.7 ＝ 3.78 …… 答

小数のかけ算の筆算のしかた

① 小数がないものとして，整数のかけ算と同じように計算します。

② 積（せき）の小数点は，積の小数部分のけた数が，かけられる数とかける数の小数部分のけた数の和になるようにうちます。

```
      0.4 3   →小数部分 2 けた
 ×      3.5   →小数部分 1 けた
 ────────────
      2 1 5
    1 2 9
 ────────────
    1.5 0 5   ←小数部分 3 けた
```

1(7)

解答→ p.185

① 4.8 × 7.2　② 2.5 × 7.3

③ 6.4 × 3.4

第4回 解説・解答

□（8）　80.94 ÷ 3.8

《（小数）÷（小数）の計算》

筆算（ひっさん）で計算します。

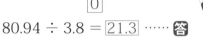

```
          2 1.3      ←③わられる数の小数点の位置に合わせます。
3.8 ) 8 0.9 4       ←①わる数が整数（せいすう）になるように，小数点を右
                       にうつします。
      7 6              ②わられる数の小数点も同じけただけ右に
      ---                うつします。
        4 9
        3 8
        ---
        1 1 4
        1 1 4
        -----
            0
```

80.94 ÷ 3.8 = 21.3 …… 答

①，②，③の順に計算します。

小数のわり算の筆算のしかた

① わる数が整数になるように小数点を右にうつします。

② わられる数の小数点も，①でうつした分だけ右にうつします。

③ 商（しょう）の小数点は，わられる数のうつした小数点にそろえてうちます。

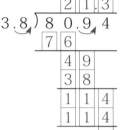

```
                  ③
                 2.4
3.2 6 ) 7.8 2.4
   ①    6 5 2 ②
        -------
        1 3 0 4
        1 3 0 4
        -------
              0
```

1(8)

解答→p.185

① 28.71 ÷ 8.7　　② 31.36 ÷ 4.9

③ 39.52 ÷ 5.2

□ (9) $\frac{2}{3}+\frac{5}{6}$

《(分数)+(分数) の計算》

$\frac{2}{3}+\frac{5}{6}$

3と6の最小公倍数(さいしょうこうばいすう)6を共通(きょうつう)な分母にして通分(つうぶん)します。

$=\frac{2\times\boxed{2}}{3\times\boxed{2}}+\frac{5}{6}$

$=\frac{\boxed{4}}{6}+\frac{\boxed{5}}{6}$

分子どうしをたします。

$=\frac{\boxed{9}}{6}$

約分(やくぶん)します。

$=\frac{\boxed{3}}{\boxed{2}}$

$=\boxed{1\frac{1}{2}}\ \left(\boxed{\frac{3}{2}}\right)$ …… 答

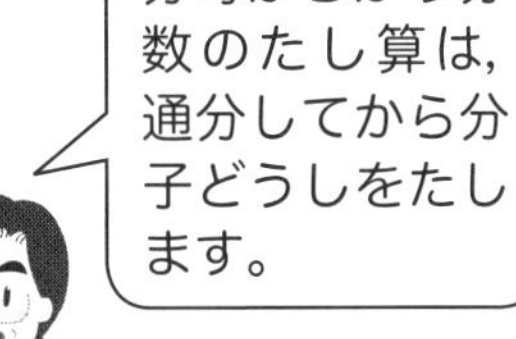

分数のたし算

分母のちがう分数のたし算は，通分して計算します。

例 $\frac{1}{4}+\frac{2}{3}=\frac{3}{12}+\frac{8}{12}=\frac{11}{12}$

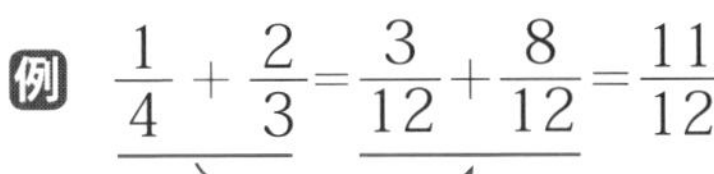

4と3の最小公倍数12を共通な分母にして通分します。

1(9) 解答→p.185

① $\frac{3}{4}+\frac{1}{12}$　② $\frac{5}{6}+\frac{5}{12}$　③ $\frac{3}{10}+\frac{1}{5}$

□ (10)　$2\frac{2}{9}-\frac{5}{6}$

《(分数)－(分数)　の計算》

$$2\frac{2}{9}-\frac{5}{6}$$

$$=2\frac{2\times\boxed{2}}{9\times\boxed{2}}-\frac{5\times\boxed{3}}{6\times\boxed{3}}$$

9と6の最小公倍数(さいしょうこうばいすう)18を共通(きょうつう)な分母にして通分(つうぶん)します。

$$=2\frac{\boxed{4}}{18}-\frac{\boxed{15}}{18}$$

分子がひけないときは，帯分数(たいぶんすう)の中の1をつかって仮分数(かぶんすう)になおします。

$$=1\frac{\boxed{22}}{18}-\frac{\boxed{15}}{18}$$

分子どうしをひきます。

$$=1\frac{\boxed{7}}{18}$$

$$=\boxed{1\frac{7}{18}}\ \left(\boxed{\frac{25}{18}}\right)$$ …… 答

分数のひき算

分母のちがう分数のひき算は，通分して計算します。

例　$\frac{2}{3}-\frac{2}{5}=\frac{10}{15}-\frac{6}{15}=\frac{4}{15}$

3と5の最小公倍数15を共通な分母にして通分します。

1(10)

解答→p.185

①　$\frac{4}{9}-\frac{1}{6}$　②　$1\frac{1}{8}-\frac{3}{4}$　③　$2\frac{1}{9}-\frac{5}{6}$

□ (11) $\dfrac{9}{40}\times 8$

解き方

《(分数)×(整数) の計算》

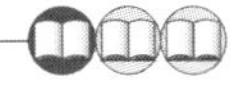

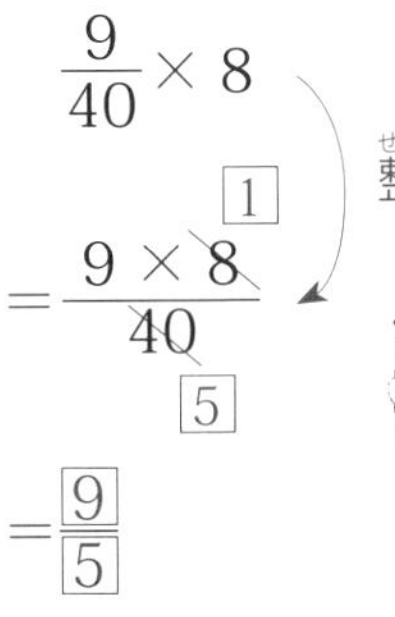

$\dfrac{9}{40}\times 8$

整数(せいすう)を分子にかけて，約分(やくぶん)します。

$=\dfrac{9\times \overset{\boxed{1}}{\cancel{8}}}{\underset{\boxed{5}}{\cancel{40}}}$

計算のとちゅうで約分できるときは約分します。

$=\dfrac{\boxed{9}}{\boxed{5}}$

$=\boxed{1\dfrac{4}{5}}\ \left(\boxed{\dfrac{9}{5}}\right)$ …… 答

まとめ

分数×整数の計算

分数に整数をかける計算では，分母はそのままにして，分子に整数をかけます。

$$\frac{☆}{△}\times◎=\frac{☆\times◎}{△}$$

たしかめよう

1(11)

解答→p.185

① $\dfrac{5}{24}\times 40$　② $\dfrac{7}{30}\times 12$　③ $\dfrac{5}{27}\times 6$

□ (12) $\dfrac{9}{14}\div 12$

《(分数)÷(整数) の計算》

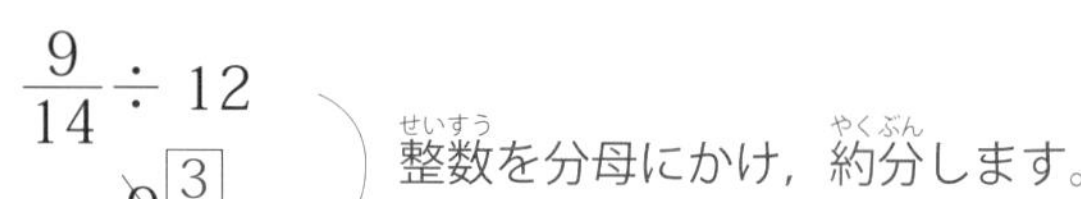

$$\frac{9}{14} \div 12$$

$$= \frac{\overset{3}{\cancel{9}}}{14 \times \underset{4}{\cancel{12}}}$$

$$= \boxed{\frac{3}{56}}$$ …… 答

整数を分母にかけ，約分します。

とちゅうで約分すると，計算がかんたんになります。

分数÷整数の計算

分数を整数でわる計算では，分子はそのままにして，分母に整数をかけます。

$$\frac{☆}{△} \div ◎ = \frac{☆}{△ \times ◎}$$

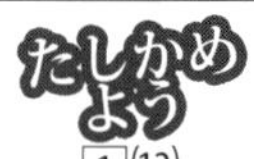

たしかめよう 1(12)

解答→p.185

① $\frac{9}{10} \div 6$　② $\frac{4}{9} \div 6$　③ $1\frac{4}{5} \div 15$

2 次の□にあてはまる数を求めましょう。

□ (13) 0.1を9個と0.01を3個合わせた数は□です。

《(小数) の計算》

0.1を9個で，$0.1 \times 9 = \boxed{0.9}$

0.01を3個で，$0.01 \times 3 = \boxed{0.03}$

合わせると

$\boxed{0.9} + \boxed{0.03} = \boxed{0.93}$ …… 答

```
    0.9
+   0.0 3      ←位をそろえて書きます。
―――――――
    0.9 3      ←答の小数点は上と同じ位置にうちます。
```

□ (14) 31518の百の位(くらい)を四捨五入(ししゃごにゅう)して，千の位までの概数(がいすう)にすると□になります。

《(概数）の表し方》

31518…百の位は5より，四捨五入すると切り上げになります。

(一万の位・千の位・百の位・十の位・一の位)

31518 → 32000 …… 答

ある位までの概数で表すには，そのすぐ下の位の数を四捨五入します。

四捨五入

0，1，2，3，4→切り捨(す)て

5，6，7，8，9→切り上げ

□ (15) $4km^2$ = □ m^2

《面積(めんせき)の単位(たんい)》

$1km^2 = 1000000 m^2$ ですから，

$4km^2 = 1000000 m^2 \times 4$

$= 4000000 m^2$

$4000000 m^2$ …… 答

1 辺が 1000m の正方形の面積が $1km^2$ です。

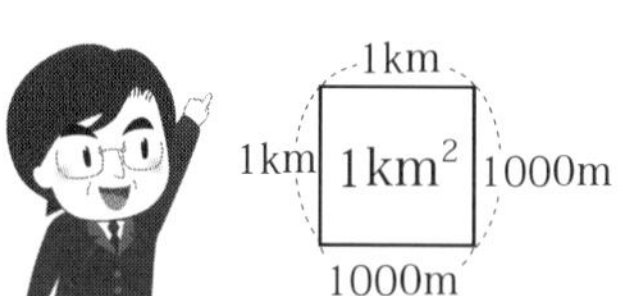

ワンポイント・アドバイス

下のような表をつくって考えるとべんりです。

	km^2						m^2
	4	0	0	0	0	0	0

$1km^2 = 1000m \times 1000m = 1000000m^2$

面積の単位

$1m^2 = 10000cm^2$，$1km^2 = 1000000m^2$，

$1ha = 10000m^2$，$1a = 100m^2$，$1ha = 100a$

1a は 1 辺が 10m の正方形の面積と同じです。

1ha は 1 辺が 100m の正方形の面積と同じです。

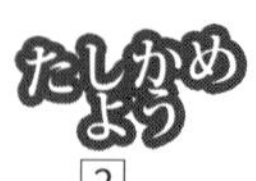

2

解答→p.185

次の□にあてはまる数を求めましょう。

① 0.1 を 2 個と 0.01 を 5 個合わせた数は□です。

② 26432 の百の位を四捨五入して、千の位までの概数にすると□になります。

③ $8km^2 =$ □m^2

3 次の問題に単位をつけて答えましょう。

□ **（16） 6.5L の重さが 7.8kg の油があります。この油 1L の重さは何 kg ですか。**

《単位量》

1L の重さを□ kg とします。1L から 6.5L へ油の量は 6.5 倍になっているので，重さも 6.5 倍になります。

□× 6.5 ＝ 7.8

□＝ 7.8 ÷ 6.5

□＝ 1.2 (kg)

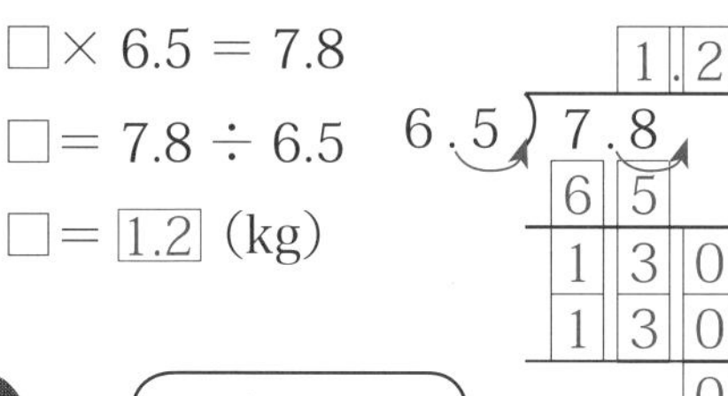

答 1.2kg

□（17） **50.4cm のテープから，8.2cm のテープを 6 本とると，残りは何 cm でしょうか。**

《倍とかけ算》

50.4 cm

8.2cm 8.2cm 8.2cm 8.2cm 8.2cm 8.2cm

8.2cm のテープ 6 本分の長さを計算します。

8.2 × 6 ＝ 49.2 (cm)

```
  8.2
×   6
 49.2
```

全体は 50.4cm ですから，残りは

50.4 － 49.2 ＝ 1.2 （cm）となります。

答　1.2cm

3

解答→p.185

次の問題に答えましょう。

① 4.5kg の値段が 7200 円の果物があります。この果物の 1kg の値段は何円ですか。

② 80cm のひもから、7.8cm のひもを 8 本とると残りは何 cm でしょうか。

4 **たて 6cm，横 8cm の長方形の紙を図のようにならべて，大きな長方形を作ります。このとき，次の問題に答えましょう。**

8cm

6cm

□ **(18) たて 24cm，横 64cm の長方形を作るには，長方形の紙は何まい使いますか。**

解き方 《倍数》

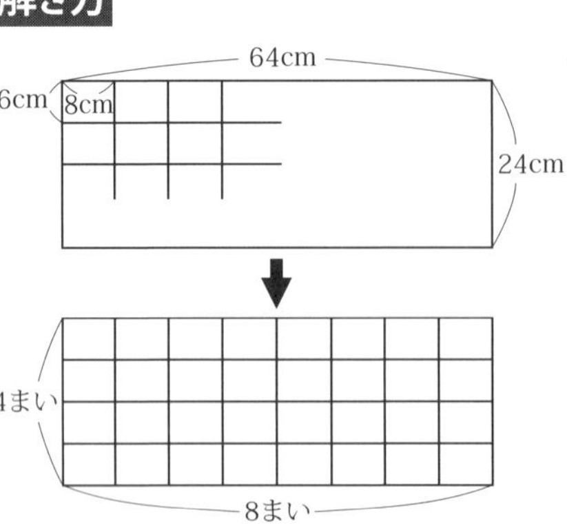

たて：24 ÷ 6 ＝ 4 （まい）
横：64 ÷ 8 ＝ 8 （まい）

たてには 4 まい，横には 8 まいならべると、たて 24cm，横 64cm の長方形になります。

したがって，

4 × 8 ＝ 32 （まい）使います。

答　32まい

□（19）　できるだけ小さい正方形を作るとき長方形の紙は何まい使いますか。

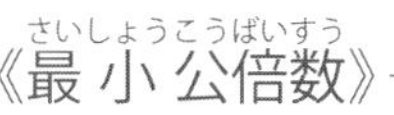

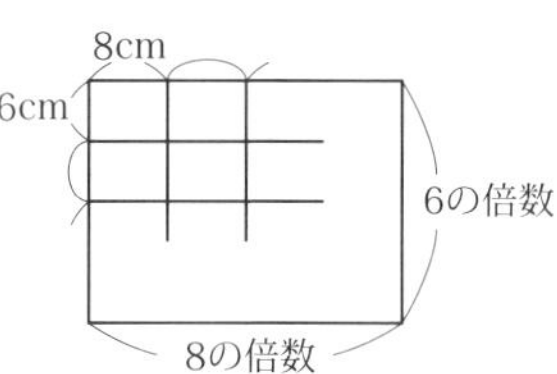

図のように紙をならべていくので，できる長方形は，たての長さは６の倍数，横の長さは８の倍数になっています。正方形になるときは，たてと横の長さが等しくなるときですから，６と８の公倍数をさがします。

６の倍数：6，12，18，㉔，30，36，42，㊽，54…
８の倍数：8，16，㉔，32，40，㊽，56，64…

○…公倍数

できるだけ小さい正方形の１辺の長さは，６と８の最小公倍数 24 （cm）にすればよいことがわかります。

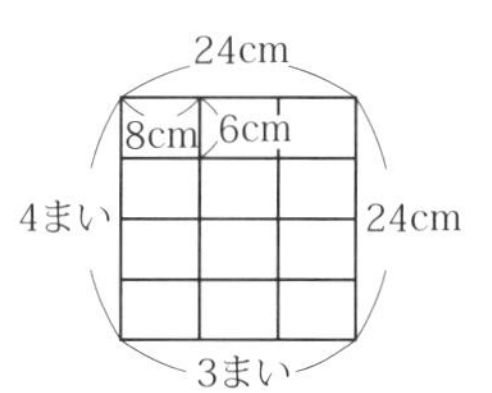

たて：24 ÷ 6 ＝ 4 （まい）
横：24 ÷ 8 ＝ 3 （まい）

したがって 4 × 3 ＝ 12 （まい）使います。

答　12 まい

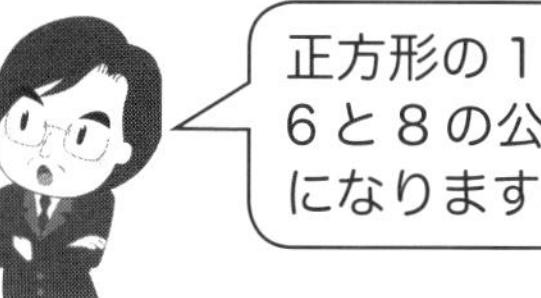

正方形の１辺は
６と８の公倍数
になります。

第４回　解説・解答

問題 p.37

たしかめよう 4 解答→p.185

たて12cm、横15cmの長方形のタイルを図のように並べて大きな長方形を作ります。このとき、次の問題に答えましょう。

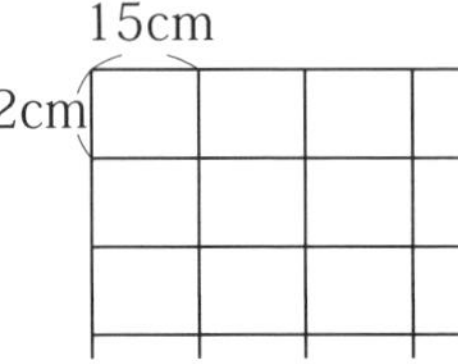

① たて72cm、横180cmの長方形を作るには、タイルは何まい使いますか。

② できるだけ小さい正方形を作るときタイルは何まい使いますか。

5 **右の図は三角柱の展開図です。これについて，次の問題に答えましょう。**

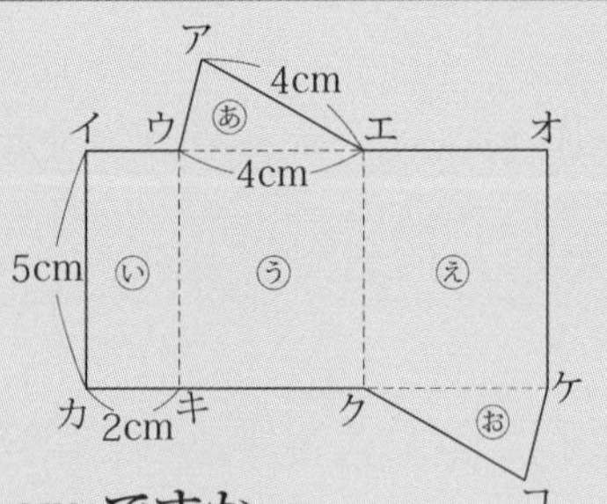

□ **(20) 直線カケの長さは何cmですか。**

《展開図》

展開図を組み立てると，図のような見取図になります。

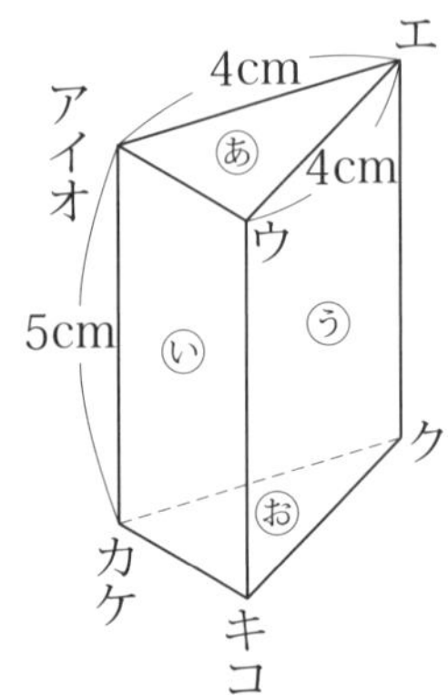

各点は3つの点とつながっていることから，重なる点があることがわかります。

辺キク…辺ウエと同じ長さより，4cm。
辺クケ…辺エアと辺エオは重なるので，
辺エアと同じ長さより，4cm。

したがって，直線カケの長さは，2＋4＋4＝10(cm)となります。

答　10cm

□（21）　点ケと重なる点はどれですか。

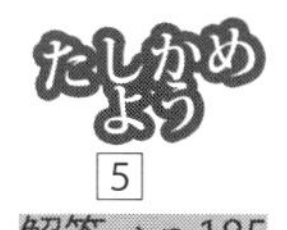

《見取図》

見取図より，点ケと重なるのは点カです。

答　カ

たしかめよう
5
解答→p.185

図は三角柱の展開図です。これについて、次の問題に答えましょう。

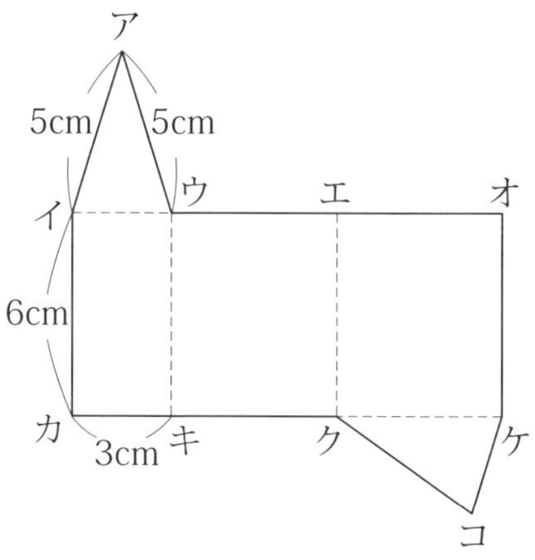

①　直線イオの長さは何cmですか。

②　点オと重なる点はどれですか。

6 けんじさんが8歩(ほ)歩いた長さは4.4mありました。また，けんじさんが池の周(まわ)りを歩いたら1周(しゅう)540歩ありました。

□（22） けんじさんの1歩(ぽ)の歩はばの平均(へいきん)は，何mですか。

《平均》

8歩歩いた長さ4.4mを歩数8でわると，1歩の歩はばの平均がわかります。

4.4 ÷ 8 = 0.55（m）

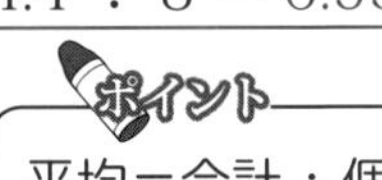

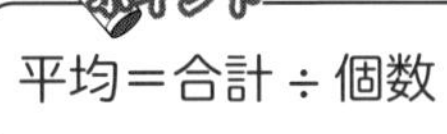

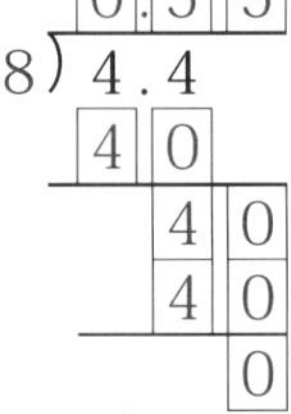

 0.55m

□（23） 池の周りは，約(やく)何mですか。

《平均》

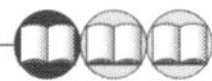

けんじさんの歩はばの平均は（22）より0.55mです。池の周りは1周するのに540歩かかるので，池の周りの長さはおよそ歩はばの平均0.55mの540倍と考えられます。

0.55 × 540 ＝ 297（m）

 約297m

平均がわかると，平均×個数＝合計で，合計を予(よ)想(そう)することができます。

6

解答→p.185

ゆうこさんが12歩(ほ)歩いた長さは7.8mありました。また、ゆうこさんが校庭(こうてい)のトラックを歩いて1周したら480歩ありました。これについて、次(つぎ)の問題(もんだい)に答えましょう。

① ゆうこさんの1歩(ぽ)の歩はばの平均は、何mですか。

② トラック1周は、約(やく)何mですか。

7 **右の円グラフは，ある市の土地利用(とちりよう)の割合(わりあい)を表(あらわ)したものです。これについて，次(つぎ)の問題(もんだい)に答えましょう。（統計技能）**

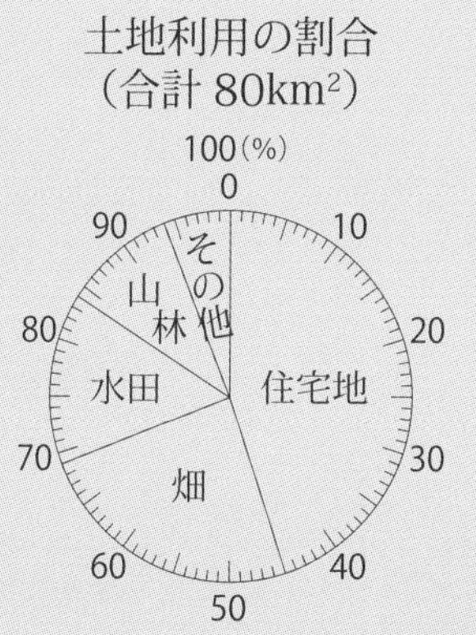

□（24） **畑(はたけ)の面積(めんせき)は，全体(ぜんたい)の何%ですか。**

《円グラフ》

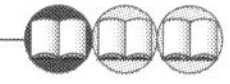

グラフの中の畑の目もりをよむと，24%とわかります。

24%

□ (25) 住宅地(じゅうたくち)の面積は，水田(すいでん)の面積の何倍(なんばい)と考えられますか。

《円グラフ》

グラフの目もりをよむと，

住宅地…45%

水田…15%とわかります。

住宅地の面積は，水田の面積の○倍とすると，

15 ×○＝ 45

○＝ 45 ÷ 15

○＝3 (倍)

```
     3
15)4 5
   4 5
     0
```

答 3倍

□ (26) 水田の面積は何 km² ですか。

《円グラフ》

グラフの中の水田の目もりをよむと 15%とわかります。合計は 80km² ですから，もとにする量は 80km² です。割合は 15%→0.15，求める水田の面積はくらべる量ですから，

くらべる量＝もとにする量×割合より，

80 ×0.15＝12 (km²)

ポイント
くらべる量＝もとにする量×割合

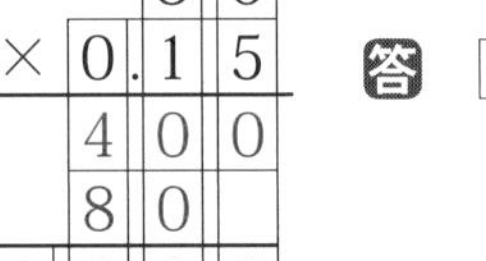

答 12km²

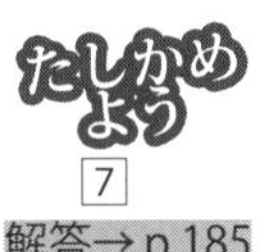

7

解答→p.185

図の円グラフは、ある年の国別の二酸化炭素排出量の割合を表したものです。これについて、次の問題に答えましょう。

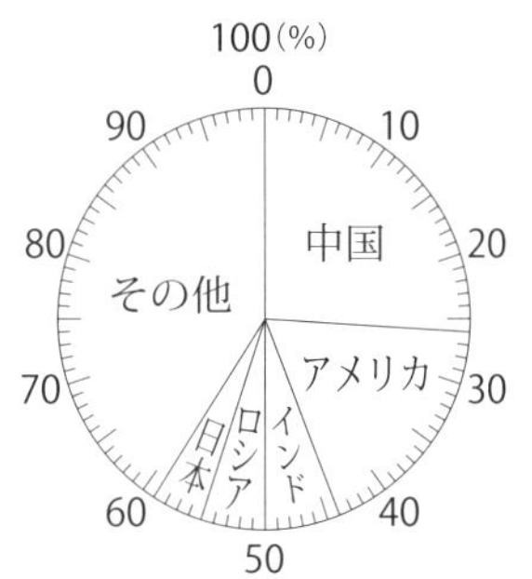

① アメリカの排出量は全体の何％ですか。

② アメリカの排出量は、日本の排出量の何倍ですか。小数で答えましょう。

8 **次のような図形の面積と体積を，単位をつけて答えましょう。(28)は，計算の途中の式と答えを書きましょう。図形の角は全部直角です。** **(測定技能)**

□ **(27) 面積**

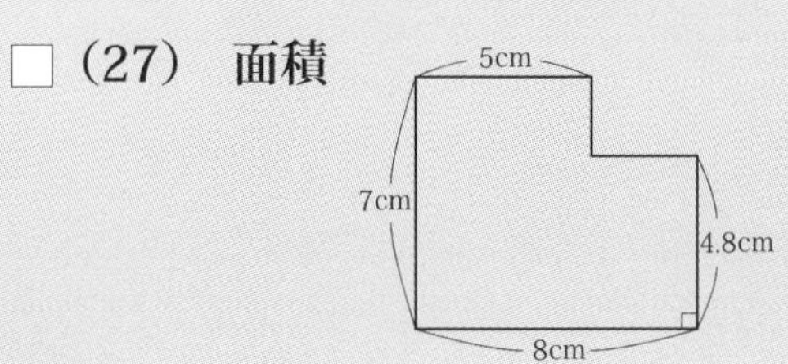

《面積》

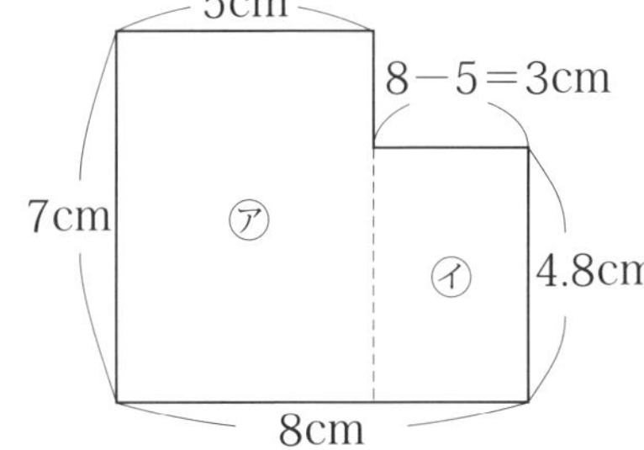

2つの長方形に分けて考えます。

長方形㋐＋長方形㋑

$= \underline{7 \times 5} + \underline{4.8 \times \boxed{3}}$

$= 35 + \boxed{14.4}$

$= \boxed{49.4}\ (\text{cm}^2)$

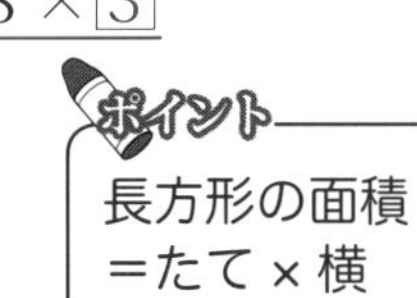

$\boxed{49.4\ \text{cm}^2}$

大きい長方形から小さい長方形をひきます。

長方形㊇−長方形㊉

$= 7 \times 8 - \boxed{2.2} \times \boxed{3}$

$= 56 - \boxed{6.6}$

$= \boxed{49.4}$ (cm^2)

答 $\boxed{49.4\ \text{cm}^2}$

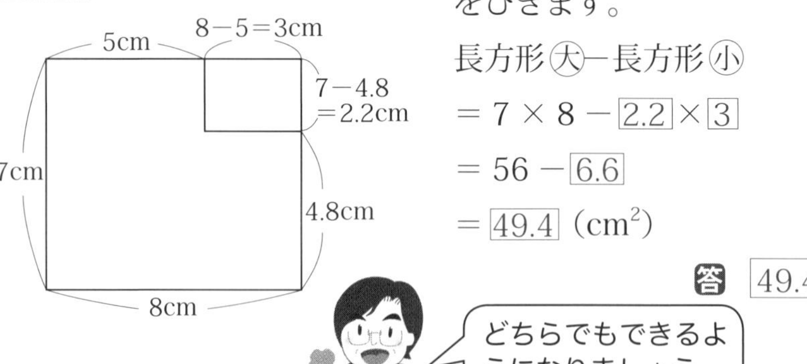

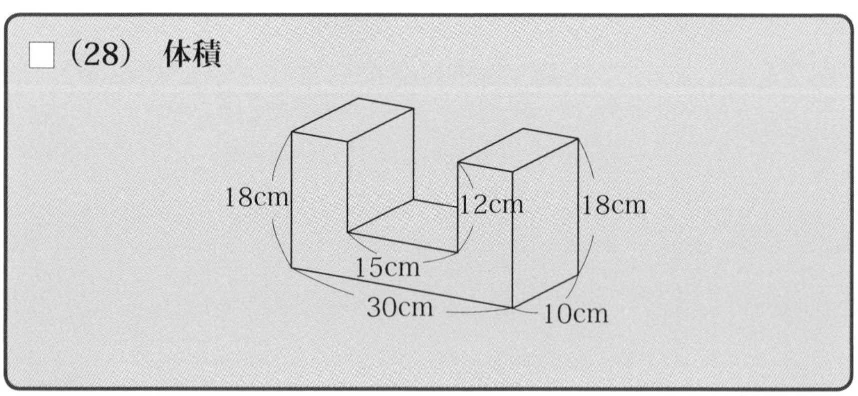

《体積》 

大きい直方体から小さい直方体をひきます。

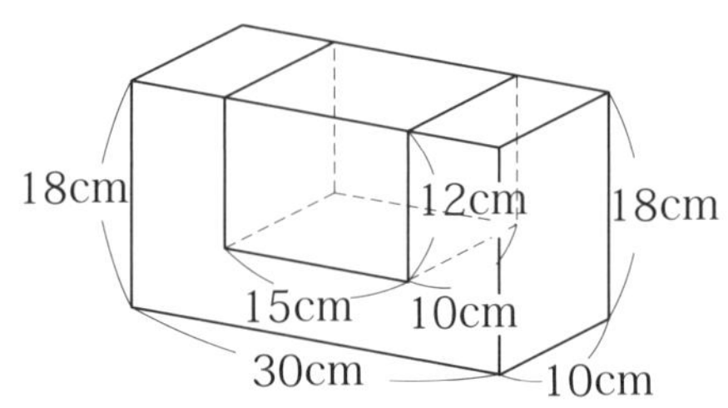

直方体㊀大−直方体㊀小

$$= \underset{\text{たて}}{(10} \times \underset{\text{横}}{30} \times \underset{\text{高さ}}{18)} - \underset{\text{たて}}{(10} \times \underset{\text{横}}{15} \times \underset{\text{高さ}}{12)}$$

＝5400－1800

＝3600（cm^3）

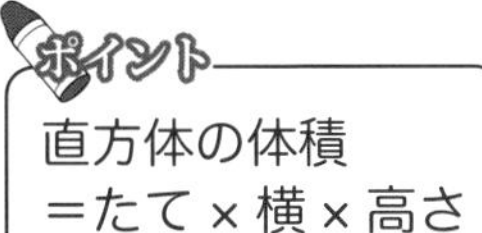

答　3600 cm^3

たしかめよう 8

解答→p.185

次のような図形の面積と体積を答えましょう。図形の角は全部直角です。

①面積

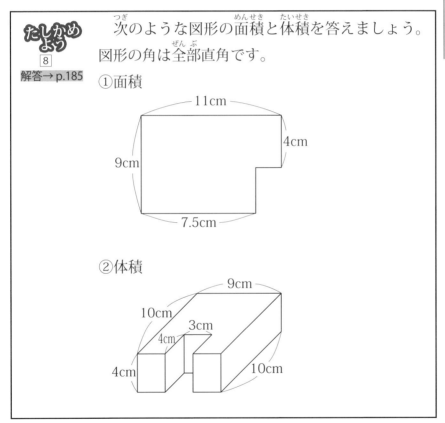

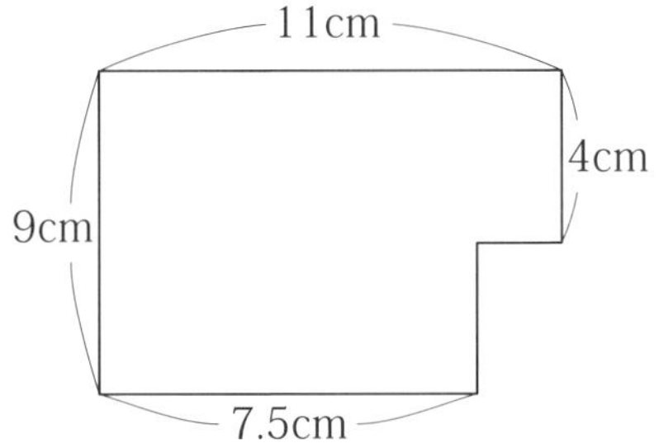

11cm　4cm　9cm　7.5cm

②体積

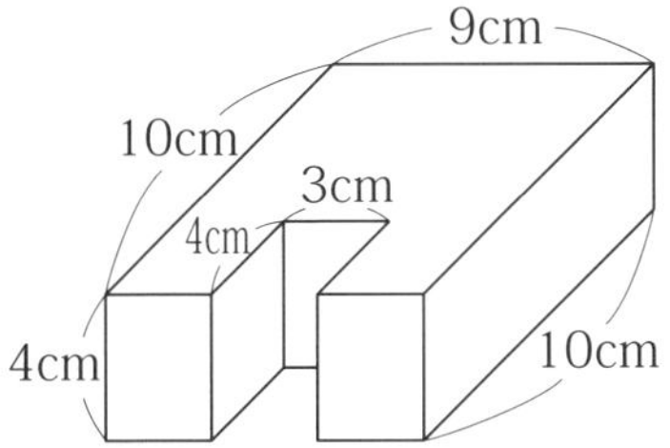

9cm　10cm　3cm　4cm　4cm　10cm

9 下のように，あるきまりにしたがって式(しき)をつくります。このとき，次(つぎ)の問題(もんだい)に答えましょう。（整理技能）

1 番め　$\frac{1}{1\times 2}=\frac{1}{1}-\frac{1}{2}$

2 番め　$\frac{1}{2\times 3}=\frac{1}{2}-\frac{1}{3}$

3 番め　$\frac{1}{3\times 4}=\frac{1}{3}-\frac{1}{4}$

⋮

□（29）　5 番めの式を書きましょう。

《計算のきまり》

＝の左と右でそれぞれ計算のきまりをみつけます。

＝の左側(ひだりがわ)

1 番め　$\frac{1}{1\times 2}$（1 → 2：＋1）

2 番め　$\frac{1}{2\times 3}$（2 → 3：＋1）

3 番め　$\frac{1}{3\times 4}$（3 → 4：＋1）

5 番めは分子は 1，分母は 5 × 6（＋1）となる分数になります。

5 番め　$\boxed{\frac{1}{5\times 6}}$

＝の右側(みぎがわ)

1 番め　$\frac{1}{1}-\frac{1}{2}$（1 → 2：＋1）

2 番め　$\frac{1}{2}-\frac{1}{3}$（2 → 3：＋1）

3 番め　$\frac{1}{3}-\frac{1}{4}$（3 → 4：＋1）

5 番めは分子が 1 で分母が 5 と 6 の 2 つの分数の差(さ)になります。

5 番め　$\boxed{\frac{1}{5}-\frac{1}{6}}$

したがって 5 番目の式は

$\boxed{\dfrac{1}{5\times 6}=\dfrac{1}{5}-\dfrac{1}{6}}$ となります。

答 $\boxed{\dfrac{1}{5\times 6}=\dfrac{1}{5}-\dfrac{1}{6}}$

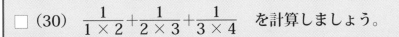

□ (30) $\dfrac{1}{1\times 2}+\dfrac{1}{2\times 3}+\dfrac{1}{3\times 4}$ を計算しましょう。

《計算のきまり》

（29）の式をつかうと

$$\frac{1}{1\times 2}+\frac{1}{2\times 3}+\frac{1}{3\times 4}=\boxed{\frac{1}{1}-\frac{1}{2}}+\boxed{\frac{1}{2}-\frac{1}{3}}+\boxed{\frac{1}{3}-\frac{1}{4}}$$

$$=\boxed{\frac{1}{1}-\cancel{\frac{1}{2}}+\cancel{\frac{1}{2}}-\cancel{\frac{1}{3}}+\cancel{\frac{1}{3}}-\frac{1}{4}}$$

$$=\boxed{1-\frac{1}{4}}=\boxed{\frac{4}{4}-\frac{1}{4}}=\boxed{\frac{3}{4}}$$

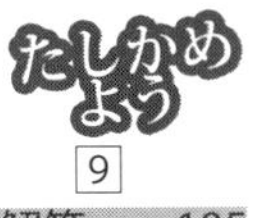

答 $\boxed{\dfrac{3}{4}}$

たしかめよう 9 解答→p.185

下の式（しき）は、あるきまりにしたがってならんでいます。これについて、次（つぎ）の問題（もんだい）に答えましょう。

1 番め　$1=1\times 2\div 2$

2 番め　$1+2=2\times 3\div 2$

3 番め　$1+2+3=3\times 4\div 2$

4 番め　$1+2+3+4=4\times 5\div 2$

⋮

7 番め　□

① 7 番めの□に入る式を書きましょう。

② 1 ＋ 2 ＋ 3 ＋……＋ 20 を計算しましょう。

第5回　解説・解答

1 次(つぎ)の計算をしましょう。　（計算技能）

□（1）　98 ÷ 7

《2けた÷1けたの計算》

筆算(ひっさん)で計算します。

```
   [1][4]   まず商(しょう)が十の位(くらい)からたつのか
7）9  8      一の位からたつのかを考えます。
   [7]      ←(7 × 1)
   [2][8]   ←(9－7，8をおろします。)
   [2][8]   ←(7 × 4)
      [0]   ←(28 － 28)
```

98 ÷ 7 ＝ 14 …… 答

7 × 14 ＝ 98

わり算の筆算のしかた

① 位をたてにそろえて，位の高いほうから（答の数をたてる）→（かける）→（ひく）→（おろす）をくりかえしていきましょう。

② わり算のたしかめの式：

わる数×商＝わられる数

をつかって答えのたしかめをしましょう。

1(1)
解答→p.186

① 84 ÷ 6　　② 75 ÷ 3
③ 90 ÷ 5

□（2） 666 ÷ 37

《3けた÷2けたの計算》

筆算で計算します。

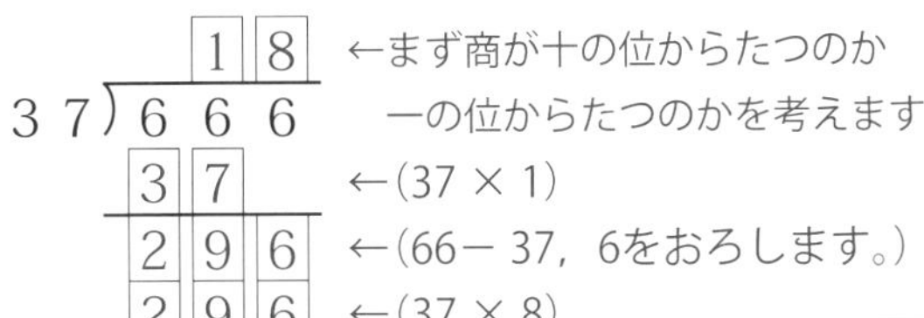

```
        1 8     ←まず商が十の位からたつのか
37 ) 6 6 6        一の位からたつのかを考えます
     3 7        ←(37 × 1)
     2 9 6      ←(66－37，6をおろします。)
     2 9 6      ←(37 × 8)
         0      ←(296 － 296)
```

666 ÷ 37 ＝ 18 …… 答

わり算の筆算では，位をたてにそろえることが大切です。

37 × 18 ＝ 666

わり算では答えのたしかめをしましょう。

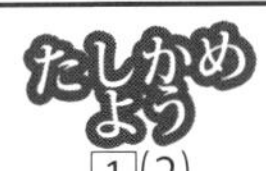

1(2)
解答→p.186

① 896 ÷ 32　　② 899 ÷ 29
③ 816 ÷ 48

□ (3)　25 × (28 − 12)

《(　　)のある式の計算》

25 × (28 − 12)　　(　　)の中を先に計算します。

= 25 × 16　　筆算(ひっさん)で計算しましょう。

= 400 …… 答

```
    2 5
  × 1 6
  1 5 0
  2 5
  4 0 0
```

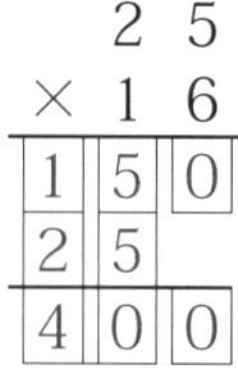

(　　)のある式の計算

(　　)がある式では，まず(　　)の中を先に計算しましょう。

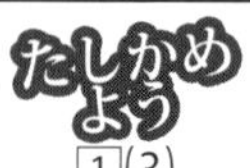

1(3)

解答→p.186

① 918 ÷ (28 + 23)　　② 32 × (56 − 39)

③ 986 ÷ (57 − 28)

□ (4)　120 − 40 ÷ 5

《計算の順序》

120 − 40 ÷ 5　　−より÷を先に計算します。

= 120 − 8

= 112 …… 答

計算の順序

・左から順に計算します。

・（　　）があるときは,（　　）の中を先に計算します。

・＋，－，×，÷がまじっている式では，×，÷を先に計算します。

・（　　）の中に，＋，－，×，÷があるときも×，÷を先に計算します。

1(4)
解答→p.186

① $18+72\div 9$　　② $26+4\times 8$

③ $60-48\div 6$

□（5）　2.58 ＋ 6.94

《（小数）＋（小数）の計算》

筆算で計算します。

```
   2.5 8
 + 6.9 4    ←位(くらい)をそろえて書きます。
 ―――――――
   9.5 2    ←整数(せいすう)のときと同じように計算し，小数点を上と同じ位置にうちます。
```

2.58 ＋ 6.94 ＝ 9.52 …… 

とちゅうの計算は整数のときと同じです。

小数のたし算の筆算

・位をそろえて書きます。

・とちゅうは整数のときと同じように計算します。

・答えの小数点は上と同じ位置にうちます。

1 (5)

解答→ p.186

① 4.66 ＋ 2.75　　② 3.97 ＋ 4.48

③ 5.62 ＋ 1.76

□（6） 6.15 − 2.66

《（小数）−（小数）の計算》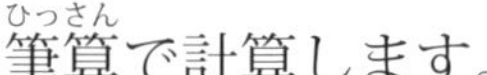

筆算(ひっさん)で計算します。

```
   6.1 5
 − 2.6 6
 ───────
   3.4 9
```

←位(くらい)をそろえて書きます。

←整数(せいすう)のときと同じように計算し，小数点を上と同じ位置にうちます。

6.15 − 2.66 ＝ 3.49 …… 答

小数のひき算の筆算

・位をそろえて書きます。

・とちゅうは整数のときと同じように計算します。

・答えの小数点は上と同じ位置にうちます。

1 (6)

解答→ p.186

① 7.38 − 2.77　　② 8.23 − 4.86

③ 8.45 − 3.76

□ (7)　3.4 × 1.9

《(小数)×(小数) の計算》

筆算で計算します。

```
      3.4  →小数部分 1 けた ─┐
×     1.9  →小数部分 1 けた ─┤
──────────                   │
    3 0 6                    │
    3 4                      │
──────────                   │
    6.4 6  ←小数部分 2 けた ←┘
```

3.4 × 1.9 = 6.46 …… 答

小数のかけ算の筆算のしかた

① 小数がないものとして，整数のかけ算と同じように計算します。

② 積(せき)の小数点は，積の小数部分のけた数が，かけられる数とかける数の小数部分のけた数の和になるようにうちます。

```
      0.4 3  →小数部分 2 けた ─┐
×       3.5  →小数部分 1 けた ─┤
────────────                   │
      2 1 5                    │
    1 2 9                      │
────────────                   │
    1.5 0 5  ←小数部分 3 けた ←┘
```

1(7)
解答→p.186

① 3.7 × 5.2　② 4.8 × 6.9

③ 8.7 × 2.4

□（8） 90.72 ÷ 3.6

《（小数）÷（小数） の計算》

筆算（ひっさん）で計算します。

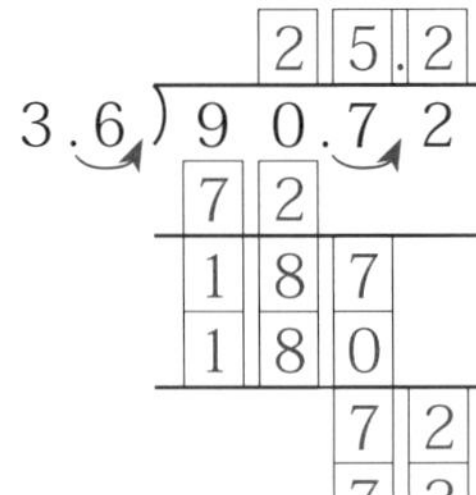

←③わられる数の小数点の位置に合わせます。

←①わる数が整数（せいすう）になるように，小数点を右にうつします。

②わられる数の小数点も同じけただけ右にうつします。

90.72 ÷ 3.6 = 25.2 …… 答

①，②，③の順に計算します。

小数のわり算の筆算のしかた

① わる数が整数になるように小数点を右にうつします。

② わられる数の小数点も，①でうつした分だけ右にうつします。

③ 商（しょう）の小数点は，わられる数のうつした小数点の位置にそろえてうちます。

```
             ③
            2.4
3.26 ) 7.82.4
   ①     6 5 2 ②
        1 3 0 4
        1 3 0 4
              0
```

1(8)

解答→p.186

① 16.56 ÷ 3.6　　② 62.32 ÷ 7.6

③ 49.14 ÷ 6.3

□ (9) $\dfrac{1}{5}+\dfrac{7}{15}$

《(分数)＋(分数) の計算》

$$\frac{1}{5}+\frac{7}{15}$$

5と15の最小公倍数15を共通な分母にして通分します。

$$=\frac{1\times\boxed{3}}{5\times\boxed{3}}+\frac{7}{15}$$

$$=\frac{\boxed{3}}{15}+\frac{\boxed{7}}{15}$$

分子どうしをたします。

$$=\frac{\boxed{10}}{15}$$

約分します。

$$=\frac{\boxed{2}}{\boxed{3}}$$

$$=\boxed{\frac{2}{3}}$$ …… 答

分数のたし算

分母のちがう分数のたし算は，通分して計算します。

例 $\dfrac{1}{4}+\dfrac{2}{3}=\dfrac{3}{12}+\dfrac{8}{12}=\dfrac{11}{12}$

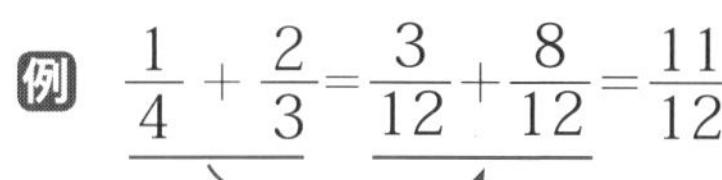

4と3の最小公倍数12を共通な分母にして通分します。

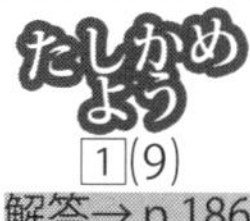

1(9)

解答→p.186

① $\dfrac{2}{3}+\dfrac{1}{12}$　② $\dfrac{3}{4}+\dfrac{5}{8}$　③ $\dfrac{3}{20}+\dfrac{3}{5}$

□ (10)　$2\frac{1}{4}-\frac{7}{10}$

《(分数)－(分数) の計算》

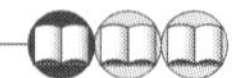

$$2\frac{1}{4}-\frac{7}{10}$$

4 と 10 の最小公倍数 20 を共通な分母にして通分します。

$$=2\frac{1\times\boxed{5}}{4\times\boxed{5}}-\frac{7\times\boxed{2}}{10\times\boxed{2}}$$

$$=2\frac{\boxed{5}}{20}-\frac{\boxed{14}}{20}$$

分子がひけないときは，帯分数の中の1をつかって仮分数になおします。

$$=1\frac{\boxed{25}}{20}-\frac{\boxed{14}}{20}$$

分子どうしをひきます。

$$=1\frac{\boxed{11}}{20}$$

$$=\boxed{1\frac{11}{20}}\ \left(\boxed{\frac{31}{20}}\right)$$ …… 答

分数のひき算

分母のちがう分数のひき算は，通分して計算します。

例　$\frac{2}{3}-\frac{2}{5}=\frac{10}{15}-\frac{6}{15}=\frac{4}{15}$

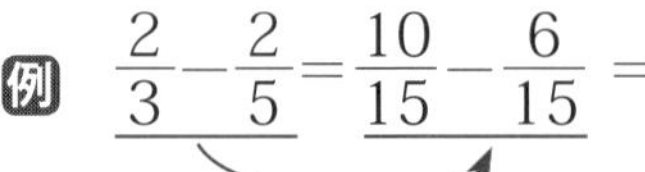

3 と 5 の最小公倍数 15 を共通な分母にして通分します。

1 (10)

解答→ p.186

① $\frac{5}{12}-\frac{1}{8}$　② $1\frac{1}{6}-\frac{3}{4}$　③ $2\frac{3}{8}-\frac{5}{6}$

□ (11) $\dfrac{5}{48} \times 30$

《(分数)×(整数) の計算》 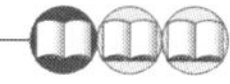

$\dfrac{5}{48} \times 30$

整数(せいすう)を分子にかけて，約分(やくぶん)します。

$= \dfrac{5 \times \overset{\boxed{5}}{\cancel{30}}}{\underset{\boxed{8}}{\cancel{48}}}$

計算のとちゅうで約分できるときは約分します。

$= \dfrac{\boxed{25}}{\boxed{8}}$

$= \boxed{3\dfrac{1}{8}} \left(\boxed{\dfrac{25}{8}}\right)$ …… 答

分数×整数の計算

分数に整数をかける計算では，分母はそのままにして，分子に整数をかけます。

$$\frac{☆}{△} \times ◎ = \frac{☆ \times ◎}{△}$$

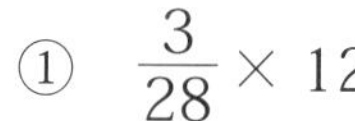

1(11)

解答→p.186

① $\dfrac{3}{28} \times 12$ ② $\dfrac{7}{20} \times 8$ ③ $\dfrac{4}{15} \times 25$

□ (12) $\dfrac{24}{25} \div 16$

《(分数)÷(整数) の計算》

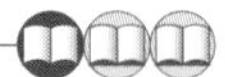

$\frac{24}{25} \div 16$

整数を分母にかけ，約分します。

$= \frac{\overset{3}{\cancel{24}}}{25 \times \underset{2}{\cancel{16}}}$

$= \boxed{\frac{3}{50}}$ …… 答

とちゅうで約分すると，計算がかんたんになります。

分数÷整数の計算

分数を整数でわる計算では，分子はそのままにして，分母に整数をかけます。

$$\frac{☆}{△} \div ◎ = \frac{☆}{△ \times ◎}$$

1(12)

解答→p.186

① $\frac{27}{32} \div 6$　② $\frac{7}{10} \div 21$　③ $1\frac{3}{4} \div 14$

2 次の □ にあてはまる数を求めましょう。

□ (13) 0.1 を 6 個と 0.01 を 5 個合わせた数は □ です。

《(小数) の計算》

0.1 を 6 個で，0.1 × 6 = $\boxed{0.6}$

0.01 を 5 個で，0.01 × 5 = $\boxed{0.05}$

合わせると

$\boxed{0.6} + \boxed{0.05} = \boxed{0.65}$ …… 答

```
   0.6
+  0.05
-------
   0.65
```

←位をそろえて書きます。

←答の小数点は上と同じ位置にうちます。

□（14） 2786543の一万の位を四捨五入して，十万の位までの概数にすると□になります。

《（概数）の表し方》

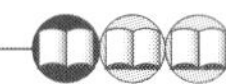

2786543…一万の位は8より，四捨五入すると切り上げになります。

2	7	8	6	5	4	3
百万の位	十万の位	一万の位	千の位	百の位	十の位	一の位

2786543 → 2800000 …… 答

ある位までの概数で表すには，そのすぐ下の位の数を四捨五入します。

四捨五入

0，1，2，3，4→切り捨て
5，6，7，8，9→切り上げ

□（15） 700000cm^2 = □ m^2

《面積の単位》

10000cm^2 = 1 m^2 ですから，

700000cm^2 = 70 × 10000 cm^2

= 70 m^2

70 m^2 …… 答

第5回 解説・解答

1辺が 100cm の正方形の面積が $1m^2$ です。

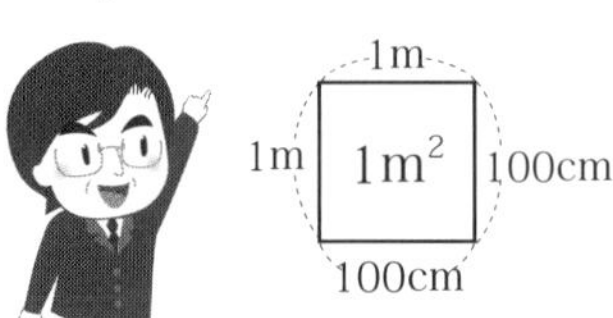

ワンポイント・アドバイス

下のような表をつくって考えるとべんりです。

			m^2				cm^2
		7	0	0	0	0	0

$1m^2 = 100cm \times 100cm = 10000cm^2$

面積の単位

$1m^2 = 10000cm^2$, $1km^2 = 1000000m^2$,

$1ha = 10000m^2$, $1a = 100m^2$, $1ha = 100a$

1a は 1 辺が 10m の正方形の面積と同じです。

1ha は 1 辺が 100m の正方形の面積と同じです。

2

解答→p.186

次の□にあてはまる数を求めましょう。

① 0.1 を 8 個と 0.01 を 9 個合わせた数は□です。

② 168209 の千の位を四捨五入して、一万の位までの概数にすると□になります。

③ $3000000cm^2 =$ □ m^2

3 長方形のたての長さは 37.2cm，横の長さはたての長さより 12.4cm 短いです。このとき，次の問題に単位をつけて答えましょう。

□ (16) 横の長さは何 cm ですか。

《小数の計算》

横の長さはたての長さより 12.4cm 短いのですから，たての長さ 37.2cm から 12.4cm をひきます。

37.2 − 12.4 = 24.8 (cm)

```
    3 7.2
 − 1 2.4
 ────────
   2 4.8
```

答　24.8cm

□（17）　たての長さは横の長さの何倍ですか。

《倍とわり算》

たての長さは，横の長さの○倍とします。（16）より，横の長さは 24.8cm ですから

24.8 × ○ = 37.2 となります。

○ = 37.2 ÷ 24.8

○ = 1.5

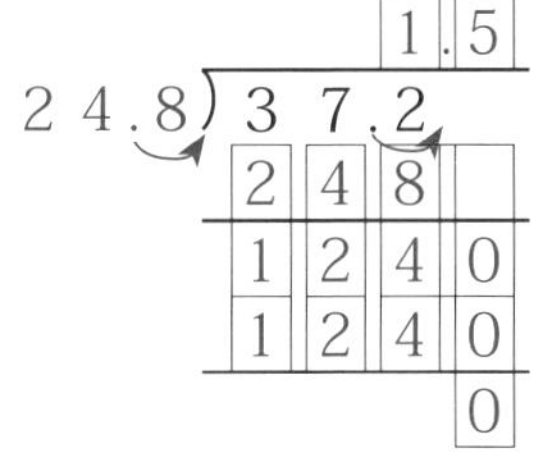

答　1.5倍

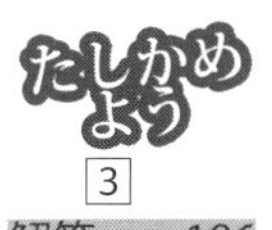

たしかめよう 3

解答→ p.186

長方形の横の長さは 45.2cm、たての長さは横の長さより 11.3cm 長いです。このとき、次の問題に答えましょう。

① たての長さは何 cm ですか。

② 横の長さはたての長さの何倍ですか。

4 1個85円のおかしを40円の箱に入れてもらいます。下の表は，おかしの個数と代金の関係を表したものです。これについて，次の問題に答えましょう。

おかしの個数（個）	1	2	3	4	
代　金（円）	125	210	295	380	

□（18）　おかしの数を□個，代金を○円として，□と○の関係を式に表しましょう。　　　　（表現技能）

《表や式をつかって表す》

代金はおかしの代金と箱の代金の和になります。

	おかし　　箱
おかし1個	85 × 1 ＋ 40
おかし2個	85 × 2 ＋ 40
おかし3個	85 × 3 ＋ 40
⋮	⋮
おかし□個	85 ×□＋ 40

したがって，おかしの数□個と代金○円の関係は，

85 ×□＋ 40 ＝○ となります。

答 85 ×□＋ 40 ＝○

おかしの代金の方だけが1個増えると85ずつ増えていきます。

□(19)　**おかしの数が 10 個のとき，代金は何円になりますか。**

《表や式をつかって表す》

(18) で求めた式に□＝ 10 をあてはめます。

85 × 10 ＋ 40 ＝ 890（円）

答　890円

代金はおかしの代金と箱の代金の和になります。

解答→ p.186

1 個 450 円のケーキを 50 円の箱に入れてもらいます。下の表は、ケーキの個数と代金の関係を表したものです。これについて、次の問題に答えましょう。

ケーキの個数（個）	1	2	3
代　金（円）	500	950	1400

①　ケーキの数を□個、代金を○円として、□と○の関係を式に表しましょう。

②　ケーキの数が 7 個のとき、代金は何円になりますか。

5　**図のような内のりの長さがわかっている直方体の形をした水そうがあります。このとき，次の問題に答えましょう。**

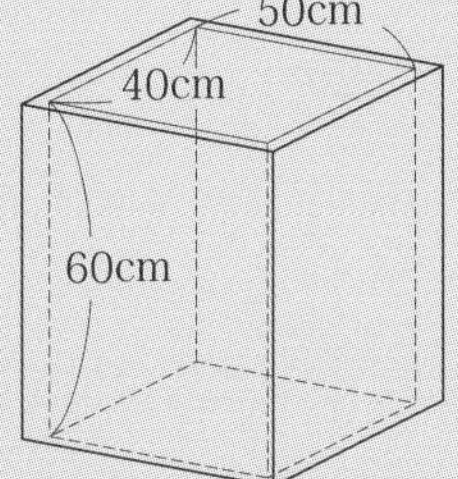

□ (20)　**この水そうの容積は何 cm^3 ですか。**

《容積》

容積とは，入れ物の内側いっぱいの体積をいいます。したがって，この水そうの容積は，たて40cm，横50cm，高さ60cmの直方体の体積と等しくなります。

$40 \times 50 \times 60 = \boxed{120000}$
たて　横　高さ

答 $\boxed{120000}\text{cm}^3$

□（21）　この水そうには何Lの水が入るでしょうか。

《容積の単位》

$1\text{L} = 1000\text{cm}^3$ですから，

$120000\text{cm}^3 = \boxed{120}\text{L}$となります。

答 $\boxed{120}$ L

容積は内のりでつくられる直方体の体積と考えて計算します。

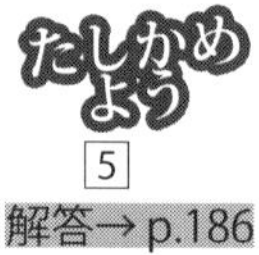

たしかめよう
5
解答→p.186

図のような内のりの長さがわかっている直方体の形をした水そうがあります。このとき、次の問題に答えましょう。

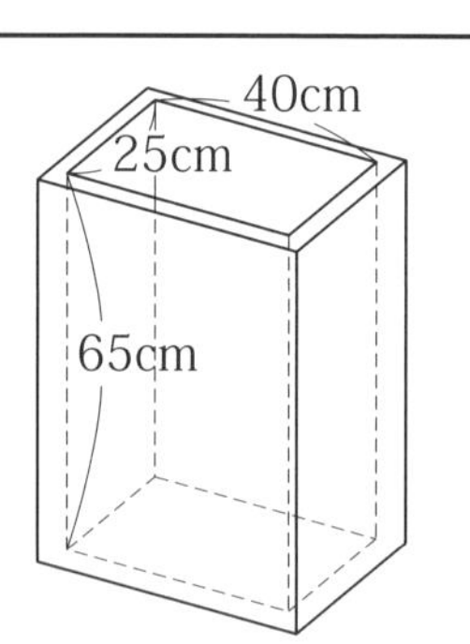

① この水そうの容積は何cm^3ですか。

② この水そうには何Lの水が入るでしょうか。

6 ある動物園の入園料は大人が 1200 円で，子どもはその 75％です。このとき，次の問題に答えましょう。

□ (22) 子どもの入園料は何円でしょうか。

《割合》

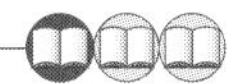

もとにする量…大人の入園料 1200 円

割合…75％（百分率）

くらべる量…子どもの入園料

まず百分率で表された割合を小数になおします。

$75 \div 100 = 0.75$

百分率で表され
た割合はまず小
数になおしま
しょう。

くらべる量＝もとにする量×割合より

$1200 \times 0.75 =$ 900（円）

	1	2	0	0
×		0.	7	5
	6	0	0	0
8	4	0	0	
9	0	0.	0	0

 900円

□ (23) 子どもが 10 人いっしょに入ると，入園料は 5％わり引きされます。子ども 10 人分の入園料は何円でしょうか。

問題 p.44

《割合》

（22）より子どもの入園料は900円ですから，子ども 10 人分の入園料はわり引きがなければ

900 × 10 ＝ 9000（円）となります。ここで，子どもが 10 人いっしょに入ると 5%わり引きされますから，9000円の 100 － 5 ＝ 95（%）が入園料になります。

もとにする量…子ども 10 人分のわり引きなしの入園料9000円

割合…95%（百分率）

まず百分率を小数になおします。

95 ÷ 100 ＝ 0.95

くらべる量＝もとにする量×割合より，

9000 × 0.95 ＝ 8550（円）

$$
\begin{array}{r}
9000 \\
\times \quad 0.95 \\
\hline
45000 \\
81000 \\
\hline
8550.00
\end{array}
$$

答　8550円

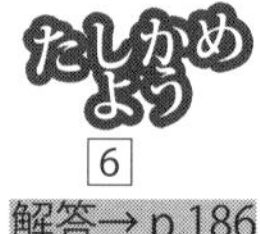

6

解答→ p.186

ある遊園地の入園料が 2000 円で、子どもはその 65%です。このとき、次の問題に答えましょう。

① 子どもの入園料は何円でしょうか。

② 子どもは 20 人以上集まると、入園料は 10%わり引きされます。子ども 20 人分の入園料は何円でしょうか。

7 下の帯グラフは，小学校の５年生の好きな教科の割合を表したものです。これについて，次の問題に答えましょう。

（統計技能）

国語	算数	理科	社会	その他

0　10　20　30　40　50　60　70　80　90　100（%）

□（24）　理科が好きな人の割合は，全体の何％ですか。

《帯グラフ》

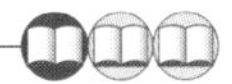

グラフの中の理科の目もりをよむと 15 %とわかります。

答　15 %

□（25）　その他のうちの半分は，好きな教科はないと答えた人でした。好きな教科がないと答えた人の割合は全体の何％ですか。

《帯グラフ》

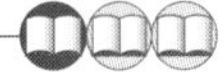

グラフの中のその他の目もりをよむと 28 %とわかります。好きな教科はない人はその他の半分ですから，

28 ÷ 2 = 14 （%）となります。

答　14 %

□（26） **この小学校の5年生は全部で165人でした。算数が好きな人は何人いましたか。**

《帯グラフ》

グラフの中の算数の目もりをよむと20%とわかります。5年生は全部で165人ですから，もとにする量は165人です。割合は20%→0.2。求める算数が好きな人の人数はくらべる量ですから，

くらべる量＝もとにする量×割合より

165×0.2＝33（人）

くらべる量＝もとにする量×割合

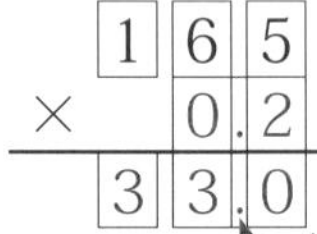

33人

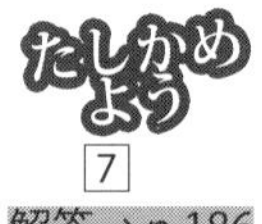

7

解答→p.186

下の帯グラフは、ある小学校の5年生において地区別に住んでいる人数の割合を表したものです。これについて、次の問題に答えましょう。

1丁目 (0–45%)	2丁目 (45–80%)	3丁目 (80–90%)	その他 (90–100%)

① 2丁目に住んでいる人の割合は、全体の何%ですか。

② この小学校の5年生は全部で140人でした。2丁目に住んでいる人は何人いましたか。

8 下の図は正五角形です。次の問題に答えましょう。

（測定技能）

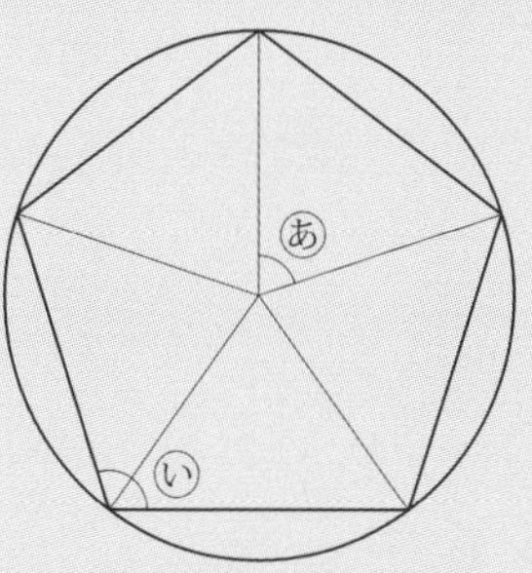

□（27） ⓐの角の大きさは何度ですか。

《正多角形》

正五角形は，円の中心の周りの角を5等分するように半径をかいて，半径と円がまじわってできる5つの点を結んでかくことができます。

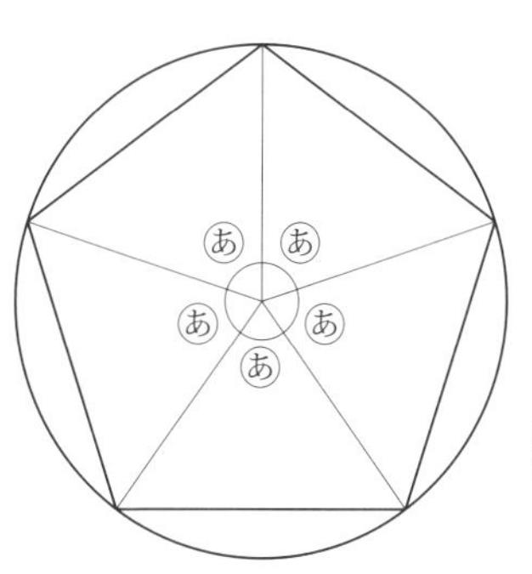

円の中心の周りの角度は360°なので，

あ＝360°÷5

あ＝72°

答 72度

正多角形は円を利用するとうまくかけます。

□（28） いの角の大きさは何度ですか。この問題は，計算の途中の式と答えを書きましょう。

《正多角形》

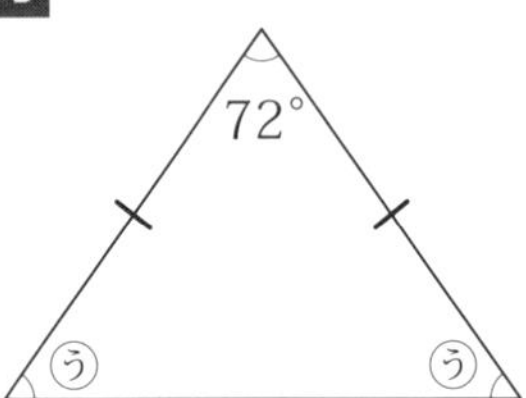

図の中の５つの三角形はどれも合同な二等辺三角形になります。二等辺三角形の２つの角の大きさは等しいので左図のㆈの大きさは，

ㆈ＝（180°－72°）÷２

ㆈ＝54°となります。

ㆅの角はㆈの角の２つ分ですから，

ㆅ＝54°×２

ㆅ＝108°

答 108度

半径を２辺にもつ三角形は二等辺三角形になることに注意しましょう。

解答→p.186

次の図は正八角形です。次の問題に答えましょう。

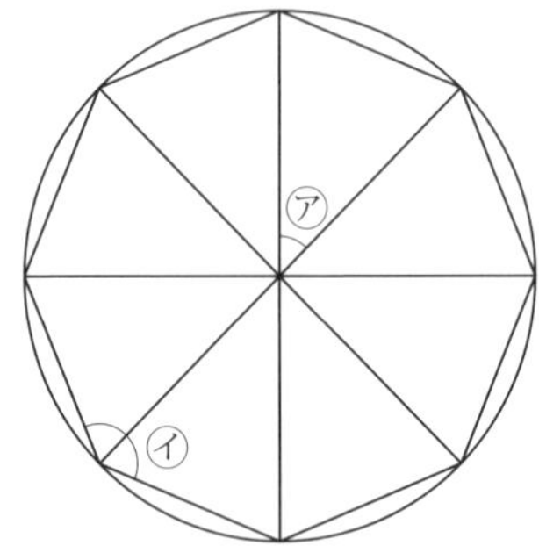

① ㋐の角の大きさは何度ですか。

② ㋑の角の大きさは何度ですか。

9 1から60までの整数(せいすう)から，下の図のように3の倍数(ばいすう)と4の倍数を順に消していき，残(のこ)った整数を小さい順にならべて①をつくります。

3の倍数

1，2，3，4，5，6，7，8，9・・・，　59，60

4の倍数

1，2，5，7，・・・・・・，59 -①

次(つぎ)の問題(もんだい)に答えましょう。（整理技能）

□（29） 残った整数①の小さい方から6番めの数はいくつですか。

《倍数》

①，②，3，4，⑤，6，⑦，8，9，⑩，⑪，12…

①は1，2，5，7，10，11…となりますので，6番めは11です。

答 11

□（30） ①にはいくつの数が残っていますか。

《倍数》

3の倍数は3から始(はじ)まり3ずつ増(ふ)えていき，4の倍数は4から始まり4ずつ増えていきますので，最初(さいしょ)に12でかさなります。ここからは，13～24，25～36，37～48，49～60の12個の整数のグループの中で同じように6個ずつ整数が残っていきます。したがって，①に残っている整数の数は

第5回 解説・解答

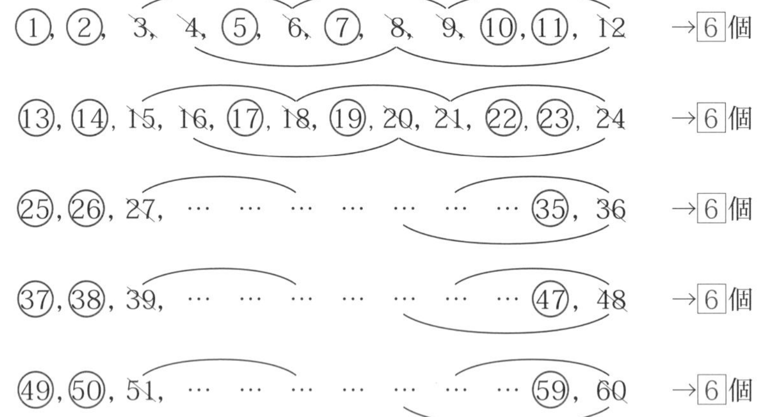

答 30個

3と4の最小公倍数である12個ごとに、同じように整数が残っていきます。

9

解答→p.186

1から80までの整数(せいすう)から、下の図のように4の倍数(ばいすう)と5の倍数を順に消していき、残(のこ)った整数を小さい順にならべて①をつくります。

1、2、3、~~4~~、~~5~~、6、7、~~8~~、9、~~10~~、11、~~12~~……　4の倍数　5の倍数　79、~~80~~

1、2、3、6、7、9、……79　――①

次(つぎ)の問題(もんだい)に答えましょう。

① 残った整数①の小さい方から12番めの数はいくつですか。

② ①にはいくつの数が残っていますか。

解答一覧

くわしい解説は，「解説・解答」をごらんください。

第1回

1

(1) 14　(2) 14　(3) 16
(4) 20　(5) 6.12　(6) 4.58
(7) 11.96　(8) 3.6
(9) $1\frac{1}{9}\left(\frac{10}{9}\right)$　(10) $1\frac{5}{12}\left(\frac{17}{12}\right)$
(11) $1\frac{3}{4}\left(\frac{7}{4}\right)$　(12) $\frac{4}{45}$

2

(13) 0.76　(14) 550000
(15) 6000000cm^3

3

(16) 7.2m^2　(17) 7.5m^2

4

(18) 1 ＋ 3 ×□＝○　(19) 25 本

5

(20) 点 J　(21) 辺 HG

6

(22) 3km　(23) 12L

7

(24) 65%　(25) 1.5 倍
(26) 1900 人

8

(27) 21.42cm
(28) 5 × 3.14 ÷ 2 ＋ 3 × 3.14 ÷ 2 ＋ 2 × 3.14 ÷ 2 ＝ 15.7

答　15.7cm

9

(29) 1 ＋ 3 ＋ 5 ＋ 7 ＋ 9 ＋ 11 ＋ 13 ＝ 7 × 7
(30) 7 回

第2回

1

(1) 24　(2) 26　(3) 22
(4) 184　(5) 14.37　(6) 0.48
(7) 3.68　(8) 3.8
(9) $\frac{13}{24}$　(10) $\frac{1}{6}$
(11) $5\frac{4}{9}\left(\frac{49}{9}\right)$　(12) $\frac{1}{10}$

2

(13) 0.42　(14) 13000
(15) 120000cm^3

3

(16) 43.2kg　(17) 3.6kg

4

(18) 35%　(19) 18 人

5

(20) 4つ　(21) 3つ

6

(22) 5.4kg

(23) $5.4 - 100 \div 25 = 1.4$

答 1.4kg

7

(24) 26度　(25) ㋑

8

(26) 平行四辺形，長方形，正方形，ひし形

(27) 長方形，正方形

(28) ひし形，正方形

9

(29) 125　(30) 522

第3回

1

(1) 13　(2) 28　(3) 840

(4) 64　(5) 7.11　(6) 2.98

(7) 24.96　(8) 24.6

(9) $\frac{7}{10}$　(10) $2\frac{11}{24}$

(11) $1\frac{7}{12}\left(\frac{19}{12}\right)$　(12) $\frac{1}{28}$

2

(13) 0.27　(14) 7300　(15) $3m^3$

3

(16) 1.5m　(17) $2.7m^2$

4

(18) 14人　(19) 20人

5

(20) ㋐36度　(21) ㋑145度

6

(22) 16ページ　(23) 22日

7

(24) 6個　(25) 6，12，18

(26) 8個

8

(27) $36cm^2$

(28) $(6 + 8) \times 5 \div 2 + 6 \times 4 \div 2 = 47$

答 $47cm^2$

9

(29) 125　(30) A町

第4回

1

(1) 17　(2) 17　(3) 12

(4) 190　(5) 10.51　(6) 4.63

(7) 3.78　(8) 21.3

(9) $1\frac{1}{2}\left(\frac{3}{2}\right)$　(10) $1\frac{7}{18}\left(\frac{25}{18}\right)$

(11) $1\frac{4}{5}\left(\frac{9}{5}\right)$　(12) $\frac{3}{56}$

2

(13) 0.93 (14) 32000

(15) $4000000m^2$

3

(16) 1.2kg (17) 1.2cm

4

(18) 32まい (19) 12まい

5

(20) 10cm (21) カ

6

(22) 0.55m (23) 297m

7

(24) 24% (25) 3倍 (26) $12km^2$

8

(27) $49.4cm^2$

(28) $10 \times 30 \times 18 - 10 \times 15 \times 12 = 3600$ 答 $3600cm^3$

9

(29) $\frac{1}{5 \times 6} = \frac{1}{5} - \frac{1}{6}$

(30) $\frac{3}{4}$

第5回

1

(1) 14 (2) 18

(3) 400 (4) 112

(5) 9.52 (6) 3.49

(7) 6.46 (8) 25.2

(9) $\frac{2}{3}$ (10) $1\frac{11}{20}\left(\frac{31}{20}\right)$

(11) $3\frac{1}{8}\left(\frac{25}{8}\right)$ (12) $\frac{3}{50}$

2

(13) 0.65 (14) 2800000

(15) $70m^2$

3

(16) 24.8cm (17) 1.5倍

4

(18) 85 ×□+ 40 =○

(19) 890円

5

(20) $120000cm^3$ (21) 120L

6

(22) 900円 (23) 8550円

7

(24) 15% (25) 14% (26) 33人

8

(27) 72度

(28) $(180° - 72°) \div 2 \times 2 = 108°$ 答 108度

9

(29) 11 (30) 30個

たしかめよう
解　答

第1回

● 49 ページ

1 (1)①　16　②　26　③　18

1 (2)①　21　②　37　③　19

● 50 ページ

1 (3)①　23　②　26　③　19

● 51 ページ

1 (4)①　67　②　84　③　49

● 52 ページ

1 (5)①　7.93　②　6.93　③　7.55

1 (6)①　4.56　②　2.33　③　2.72

● 53 ページ

1 (7)①　18.62　②　10.36

③　29.12

● 54 ページ

1 (8)①　2.8　②　7.6　③　3.4

● 55 ページ

1 (9)①　$\frac{13}{24}$　②　$\frac{2}{3}$　③　$\frac{7}{12}$

● 56 ページ

1 (10)①　$\frac{3}{4}$　②　$2\frac{1}{2}\left(\frac{5}{2}\right)$

③　$1\frac{5}{12}\left(\frac{17}{12}\right)$

● 57 ページ

1 (11)①　$1\frac{1}{4}\left(\frac{5}{4}\right)$

②　$2\frac{1}{3}\left(\frac{7}{3}\right)$

③　$1\frac{4}{5}\left(\frac{9}{5}\right)$

● 58 ページ

1 (12)①　$\frac{3}{40}$　②　$\frac{3}{35}$　③　$\frac{4}{63}$

● 60 ページ

2　①　0.48　②　285000

③　4000000

● 62 ページ

3　①　63 個　②　150 個

● 64 ページ

4　①　1 ＋ 2 ×□＝○

②　21 本

● 66 ページ

5　①　点 G　②　辺 JI

● 69 ページ

6　①　2km　②　12L

● 71 ページ

7　①　61％　②　1.6 倍

③　36000 人

● 74 ページ

8 ① 12.85cm ② 37.68cm

● 76 ページ

9 ① 2 + 4 + 6 + 8 + 10 + 12 = 6 × 7

② 7 回

第 2 回

● 78 ページ

1 (1) ① 12 ② 15 ③ 23

1 (2) ① 26 ② 25 ③ 32

● 79 ページ

1 (3) ① 12 ② 486 ③ 25

● 80 ページ

1 (4) ① 26 ② 39 ③ 40

● 81 ページ

1 (5) ① 4.34 ② 6.81 ③ 6.14

1 (6) ① 2.36 ② 4.28 ③ 2.64

● 82 ページ

1 (7) ① 19.98 ② 26.68

③ 17.15

● 83 ページ

1 (8) ① 2.9 ② 6.8 ③ 4.9

● 84 ページ

1 (9) ① $\frac{5}{12}$ ② $\frac{7}{9}$

③ $1\frac{1}{8}\left(\frac{9}{8}\right)$

● 85 ページ

1 (10) ① $\frac{5}{6}$ ② $1\frac{5}{8}\left(\frac{13}{8}\right)$

③ $2\frac{3}{4}\left(\frac{11}{4}\right)$

● 86 ページ

1 (11) ① $6\frac{2}{3}\left(\frac{20}{3}\right)$

② $4\frac{1}{2}\left(\frac{9}{2}\right)$

③ $1\frac{3}{4}\left(\frac{7}{4}\right)$

● 87 ページ

1 (12) ① $\frac{2}{75}$ ② $\frac{2}{7}$ ③ $\frac{1}{16}$

● 89 ページ

2 ① 0.85 ② 70000

③ 230000

● 90 ページ

3 ① 448 個 ② 28 個

● 92 ページ

4 ① 35% ② 16 人

● 94 ページ

5 ① 面㋐、面㋑、面㋓、面㋕

② 3 つ

● 96 ページ

6 ① 5.1kg ② 0.6kg

● 98 ページ

7 ① 午前 9 時から午後 2 時まで

② 午前 10 時から午前 11 時の間

● 100ページ

8 ① 平行四辺形、ひし形、長方形、正方形

② ひし形、正方形

● 101ページ

9 ① 243 ② 442

第3回

● 103ページ

1(1)① 17 ② 13 ③ 12

1(2)① 23 ② 18 ③ 36

● 104ページ

1(3)① 25 ② 360 ③ 15

● 105ページ

1(4)① 31 ② 50 ③ 47

● 106ページ

1(5)① 8.01 ② 8.27 ③ 8.83

1(6)① 4.26 ② 4.74 ③ 3.93

● 107ページ

1(7)① 22.68 ② 32.4

③ 44.16

● 108ページ

1(8)① 6.2 ② 7.9 ③ 8.4

● 109ページ

1(9)① $\frac{11}{12}$ ② $\frac{7}{16}$ ③ $\frac{8}{9}$

● 110ページ

1(10)① $\frac{7}{12}$ ② $\frac{2}{3}$

③ $2\frac{7}{24}\left(\frac{55}{24}\right)$

● 111ページ

1(11)① $7\frac{1}{2}\left(\frac{15}{2}\right)$

② $2\frac{4}{5}\left(\frac{14}{5}\right)$

③ $2\frac{3}{4}\left(\frac{11}{4}\right)$

● 112ページ

1(12)① $\frac{1}{24}$ ② $\frac{1}{12}$ ③ $\frac{4}{27}$

● 114ページ

2 ① 0.36 ② 47000

③ 7

● 115ページ

3 ① 2.5m ② 6m^2

● 117ページ

4 ① 17人 ② 19人

● 119ページ

5 ① 70度 ② 76度

● 120ページ

6 ① 18ページ ② 19日

● 123ページ

7 ① 7個 ② 4個

③ 6個

● 125ページ

8 ① 33cm^2 ② 38.5cm^2

● 127ページ

9 ① 7870

第4回

● 129ページ

1(1)① 29 ② 24 ③ 19

1(2)① 18 ② 26 ③ 29

● 130ページ

1(3)① 17 ② 361 ③ 26

● 131ページ

1(4)① 13 ② 88 ③ 85

● 132ページ

1(5)① 10.59 ② 7.42

③ 7.77

1(6)① 4.67 ② 5.52 ③ 5.17

● 133ページ

1(7)① 34.56 ② 18.25

③ 21.76

● 134ページ

1(8)① 3.3 ② 6.4 ③ 7.6

● 135ページ

1(9)① $\frac{5}{6}$ ② $1\frac{1}{4}\left(\frac{5}{4}\right)$

③ $\frac{1}{2}$

● 136ページ

1(10)① $\frac{5}{18}$ ② $\frac{3}{8}$

③ $1\frac{5}{18}\left(\frac{23}{18}\right)$

● 137ページ

1(11)① $8\frac{1}{3}\left(\frac{25}{3}\right)$

② $2\frac{4}{5}\left(\frac{14}{5}\right)$

③ $1\frac{1}{9}\left(\frac{10}{9}\right)$

● 138ページ

1(12)① $\frac{3}{20}$ ② $\frac{2}{27}$ ③ $\frac{3}{25}$

● 140ページ

2 ① 0.25 ② 26000

③ 8000000

● 142ページ

3 ① 1600円 ② 17.6cm

● 144ページ

4 ① 72まい ② 20まい

● 145ページ

5 ① 13cm ② 点イ

● 147ページ

6 ① 0.65m ② 約312m

● 149ページ

7 ① 18% ② 4.5倍

● 151ページ

8 ① $81.5cm^2$ ② $312cm^3$

● 153ページ

9 ① 1＋2＋3＋4＋5＋6＋7＝7×8÷2

② 210

第5回

● 155ページ

1(1)① 14　② 25　③ 18

1(2)① 28　② 31　③ 17

● 156ページ

1(3)① 18　② 544　③ 34

● 157ページ

1(4)① 26　② 58　③ 52

● 158ページ

1(5)① 7.41　② 8.45　③ 7.38

1(6)① 4.61　② 3.37　③ 4.69

● 159ページ

1(7)① 19.24　② 33.12

③ 20.88

● 160ページ

1(8)① 4.6　② 8.2　③ 7.8

● 161ページ

1(9)① $\frac{3}{4}$　② $1\frac{3}{8}\left(\frac{11}{8}\right)$

③ $\frac{3}{4}$

● 162ページ

1(10)① $\frac{7}{24}$　② $\frac{5}{12}$

③ $1\frac{13}{24}\left(\frac{37}{24}\right)$

● 163ページ

1(11)① $1\frac{2}{7}\left(\frac{9}{7}\right)$

② $2\frac{4}{5}\left(\frac{14}{5}\right)$

③ $6\frac{2}{3}\left(\frac{20}{3}\right)$

● 164ページ

1(12)① $\frac{9}{64}$　② $\frac{1}{30}$　③ $\frac{1}{8}$

● 166ページ

2 ① 0.89　② 170000

③ 300

● 167ページ

3 ① 56.5cm　② 0.8倍

● 169ページ

4 ① 450 ×□+ 50 =○

② 3200円

● 170ページ

5 ① 65000cm^3

② 65L

● 172ページ

6 ① 1300円　② 23400円

● 174ページ

7 ① 35%　② 49人

● 176ページ

8 ① 45度　② 135度

● 178ページ

9 ① 19　② 48個

第 1 回

標準解答時間 50分

解答用紙　解説・解答▶ p.48 ～ p.76　解答一覧▶ p.179

1	(1)		3	(16)	単位 (　　)
	(2)			(17)	単位 (　　)
	(3)		4	(18)	
	(4)			(19)	本
	(5)		5	(20)	点
	(6)			(21)	辺
	(7)		6	(22)	km
	(8)			(23)	L
	(9)		7	(24)	%
	(10)			(25)	倍
	(11)			(26)	人
	(12)		8	(27)	cm
2	(13)			(28)	cm
	(14)		9	(29)	
	(15)	cm^3		(30)	回

＊本書では，合格基準を 21 問（70%）以上としています。

拡大コピーしてご利用ください。解答らんに書ききれない場合は別紙に書いてください。

第2回

標準解答時間 50分

解答用紙

解説・解答▶ p.77 ～ p.101　解答一覧▶ p.179 ～ p.180

大問	設問	解答
1	(1)	
	(2)	
	(3)	
	(4)	
	(5)	
	(6)	
	(7)	
	(8)	
	(9)	
	(10)	
	(11)	
	(12)	
2	(13)	
	(14)	
	(15)	cm^2
3	(16)	単位（　　）
	(17)	単位（　　）
4	(18)	%
	(19)	人
5	(20)	つ
	(21)	つ
6	(22)	kg
	(23)	kg
7	(24)	度
	(25)	
8	(26)	
	(27)	
	(28)	
9	(29)	
	(30)	

＊本書では，合格基準を 21 問（70%）以上としています。

拡大コピーしてご利用ください。解答らんに書ききれない場合は別紙に書いてください。

第3回

標準解答時間 50分

解答用紙　解説・解答▶ p.102 ～ p.127　解答一覧▶ p.180

大問	番号	解答
1	(1)	
	(2)	
	(3)	
	(4)	
	(5)	
	(6)	
	(7)	
	(8)	
	(9)	
	(10)	
	(11)	
	(12)	
2	(13)	
	(14)	
	(15)	m^3
3	(16)	単位（　　）
	(17)	単位（　　）
4	(18)	人
	(19)	人
5	(20)	単位（　　）
	(21)	単位（　　）
6	(22)	ページ
	(23)	日
7	(24)	個
	(25)	
	(26)	個
8	(27)	cm^2
	(28)	cm^2
9	(29)	
	(30)	町

＊本書では，合格基準を 21 問（70%）以上としています。

拡大コピーしてご利用ください。解答らんに書ききれない場合は別紙に書いてください。

第４回

標準解答時間 50分

解答用紙　解説・解答▶ p.128 ～ p.153　解答一覧▶ p.180 ～ p.181

大問	番号	解答
1	(1)	
	(2)	
	(3)	
	(4)	
	(5)	
	(6)	
	(7)	
	(8)	
	(9)	
	(10)	
	(11)	
	(12)	
2	(13)	
	(14)	
	(15)	m^2
3	(16)	単位（　　）
	(17)	単位（　　）
4	(18)	まい
	(19)	まい
5	(20)	cm
	(21)	
6	(22)	m
	(23)	約　　　m
7	(24)	%
	(25)	倍
	(26)	km^2
8	(27)	単位（　　）
	(28)	単位（　　）
9	(29)	
	(30)	

＊本書では，合格基準を 21 問（70%）以上としています。

拡大コピーしてご利用ください。解答らんに書ききれない場合は別紙に書いてください。

第5回

標準解答時間 50分

解答用紙　解説・解答▶ p.154 ～ p.178　解答一覧▶ p.181

大問	番号	解答
1	(1)	
	(2)	
	(3)	
	(4)	
	(5)	
	(6)	
	(7)	
	(8)	
	(9)	
	(10)	
	(11)	
	(12)	
2	(13)	
	(14)	
	(15)	m^2
3	(16)	単位（　）
	(17)	単位（　）
4	(18)	
	(19)	円
5	(20)	cm^3
	(21)	L
6	(22)	円
	(23)	円
7	(24)	%
	(25)	%
	(26)	人
8	(27)	度
	(28)	度
9	(29)	
	(30)	つ

＊本書では，合格基準を 21 問（70%）以上としています。

拡大コピーしてご利用ください。解答らんに書ききれない場合は別紙に書いてください。

本書に関する正誤等の最新情報は，下記のアドレスでご確認ください。
http://www.s-henshu.info/sk7hs2309/

上記アドレスに掲載されていない箇所で，正誤についてお気づきの場合は，書名・発行日・質問事項（ページ・問題番号）・氏名・郵便番号・住所・FAX 番号を明記の上，**郵送または FAX でお問い合わせください。**

※電話でのお問い合わせはお受けできません。

【宛先】 **コンデックス情報研究所「本試験型 算数検定 7 級 試験問題集」係**
住所 〒 359-0042 埼玉県所沢市並木 3-1-9
FAX 番号 04-2995-4362（10：00 〜 17：00 土日祝日を除く）

※本書の正誤に関するご質問以外はお受けできません。また受検指導などは行っておりません。
※ご質問の到着確認後 10 日前後に，回答を普通郵便または FAX で発送いたします。
※ご質問の受付期限は，試験日の 10 日前必着といたします。ご了承ください。

監修：小宮山 敏正（こみやま としまさ）

東京理科大学理学部応用数学科卒業後，私立明星高等学校数学科教諭として勤務。

編著：コンデックス情報研究所

平成２年６月設立。法律・福祉・技術・教育分野において，書籍の企画・執筆・編集，大学および通信教育機関との共同教材開発を行っている研究者，実務家，編集者のグループ。

イラスト：蒔田恵実香

企画編集：成美堂出版編集部

本試験型 算数検定7級試験問題集

監 修 小宮山敏正（こみやまとしまさ）
編 著 コンデックス情報研究所（じょうほうけんきゅうしょ）
発行者 深見公子
発行所 成美堂出版
〒162-8445 東京都新宿区新小川町1-7
電話(03)5206-8151 FAX(03)5206-8159
印 刷 大盛印刷株式会社

ISBN978-4-415-23111-2
落丁･乱丁などの不良本はお取り替えします
定価はカバーに表示してあります